AF381407

Das Klima der Erde

Das Klima der Erde

Seine kosmische Theorie, Rekonstruktion und Vorhersage

Peter Jakubowski

www.naturics.info

Düsseldorf, Dezember 2023

© 2023 Peter Jakubowski

Herstellung und Verlag: BoD – Books on Demand, Norderstedt
ISBN: 9783758318801

Inhalt des Buches

Das Ziel des Buches

"Moderne" Klimaforschung ist (keine) valide Wissenschaft.
(*November 22, 2023; mein "Gespräch" mit der KI*)

(P.J.) Klimaforschung ist doch keine richtige Wissenschaft, oder?

(ChatGPT) Doch, Klimaforschung ist eine anerkannte und valide Wissenschaft. Sie basiert auf umfangreichen Daten, Forschungsmethoden und wissenschaftlichen Prinzipien, um das Verständnis des Klimasystems zu vertiefen.

(P.J.) Was meinst du mit Klimasystem?

(ChatGPT) Mit dem Klimasystem beziehe ich mich auf die Wechselwirkungen und Prozesse, die das Klima eines bestimmten Gebiets oder des gesamten Planeten beeinflussen. Dazu gehören Faktoren wie Atmosphäre, Ozeane, Landflächen, Eisbedeckung und biologische Prozesse. Die Klimaforschung untersucht diese Komponenten, ihre Interaktionen und wie sie sich im Laufe der Zeit verändern, um ein umfassendes Verständnis des Klimasystems zu entwickeln.

(P.J.) Falsch. Genau diese Faktoren, die du eben genannt hast, sind keine Ursachen des Klimas, sondern dessen Folgen.

(ChatGPT) Entschuldigung für etwaige Missverständnisse. Die genannten Faktoren wie Atmosphäre, Ozeane, Landflächen und Eisbedeckung sind sowohl Ursachen als auch Folgen des Klimasystems. Zum Beispiel können Veränderungen in der Atmosphäre (wie Treibhausgasemissionen) das Klima beeinflussen, während gleichzeitig das Klima Rückwirkungen auf diese

Elemente hat. Es besteht ein komplexes Wechselspiel zwischen Ursachen und Wirkungen im Klimasystem, das die Klimaforschung zu verstehen versucht.

(P.J.) Nein, auch Treibhausgasemissionen (abgesehen von den von Menschen verursachten) sind eine Folge und keine Ursache des Klimawandels.

(ChatGPT) Treibhausgasemissionen, sowohl natürlichen als auch menschlichen Ursprungs, tragen zur Veränderung des Klimas bei. Menschliche Aktivitäten, wie die Verbrennung fossiler Brennstoffe, haben jedoch erhebliche Mengen zusätzlicher Treibhausgase in die Atmosphäre freigesetzt, was zu einem beschleunigten Klimawandel führt. Die Klimaforschung konzentriert sich darauf, wie diese menschlichen Einflüsse das Klima beeinflussen und welche Auswirkungen sie haben.

(P.J.) Quatsch. In den vorindustriellen Zeiten waren die natürlichen Klimaursachen und Folgen dieselben wie heute, oder?

(ChatGPT) Die natürlichen Ursachen des Klimawandels gab es schon immer, und das Klima hat sich im Laufe der Erdgeschichte auf natürliche Weise verändert. Allerdings zeigen wissenschaftliche Studien, dass die aktuellen Veränderungen im Klima aufgrund menschlicher Aktivitäten, insbesondere der Freisetzung von Treibhausgasen, schneller und intensiver sind als die natürlichen Schwankungen in der Vergangenheit. Der Einfluss menschlicher Aktivitäten auf das Klima ist ein wesentlicher Aspekt der modernen Klimaforschung.

(P.J.) Deswegen meine ich, die moderne Klimaforschung ist keine Wissenschaft, sondern nur eine Propaganda des Anthropozentrysmus.

(ChatGPT) Die moderne Klimaforschung basiert auf wissenschaftlichen Prinzipien, um Ursachen und Auswirkungen von Klimaveränderungen zu verstehen. Es ist wichtig, wissenschaftliche Erkenntnisse von unterschiedlichen Standpunkten zu betrachten und zu diskutieren. Die Frage, inwieweit menschliche Aktivitäten das Klima beeinflussen, ist Gegenstand legitimer wissenschaftlicher Debatten. Kritik an wissenschaftlichen Erkenntnissen sollte jedoch auf fundierten Argumenten und Forschungsergebnissen basieren.

* * * * *

(P.J.) Wir sehen also, dass die KI genau das Gleiche wiederholt, was auch die Traditionalisten unter den sogenannten "Klimaforschern" ständig betonen. Und wie sie eben auch fast immer ihre Argumentation mit dem letzten Satz der obigen Konversation beenden: "Kritik an wissenschaftlichen Erkenntnissen sollte jedoch auf fundierten Argumenten und Forschungsergebnissen basieren."

Genau solche fundierten Argumente und Forschungsergebnisse zum Klima der Erde liefert zum ersten Mal das vorliegende Buch.

<u>Teil 1</u>

Die kosmische Theorie des globalen Klimas der Erde

Gibt es auch auf unserem Mond den Klimawandel? Kann man überhaupt vom Klima auf dem Mond sinnvoll reden? Wenn man das Klima auf der Erde wirklich und richtig verstehen will, dann muss man diese beiden Fragen mit 'ja' beantworten.

Das Klima eines kosmischen Körpers ist ein Komplex aller physikalischen Phänomene, die durch den Fluss (oder Transfer) der kosmischen Energie zu diesem Körper verursacht werden. Ich nenne solchen Fluss lieber Energietransfer, weil man bei dem Begriff 'Fluss' eher an einen irdischen Fluss, mit seiner begrenzten Ausbreitung in seinem "Flussbett", denkt. Bei dem kosmischen Energietransfer sollten wir jedoch eher an die Strömung eines Windes denken, die sich im Universum ohne jegliche materielle Begrenzung (ohne "Flussufer") ausbreitet.

Diese kosmische Energie existiert im Universum als die erste (und einzige) Ursache für Alles, was das Universum ausmacht, also alle kosmischen Körper, alle energetischen Verbindungen zwischen ihnen, aber auch für alle Erscheinungen an allen diesen Körpern, ob Galaxien, Sterne oder Planeten, einschließlich das materielle und geistige Leben auf mindestens einem von diesen Planeten, nämlich unserer Erde.

Der Transfer der kosmischen Energie, zum Beispiel, zu unserem Mond, verursacht auf seiner Oberfläche (die ohne Atmosphäre nur als eine dünne Schicht des Gesteins des Mondes zu verstehen ist), genau die gleichen energetischen Änderungen (Erwärmung oder Abkühlung), wie er zur gleichen Zeit auch auf der Oberfläche der Erde verursacht, welche aber zu unserem Glück, zuerst ihre relativ dichte Atmosphäre und erst dann das Wasser der Meere und die Landmassen betreffen.

Kapitel 1

Die Einheitliche Wissenschaft

1. Einheitliche Familie aller physikalischen Größen

Die absolut wichtigste Entdeckung der Einheitlichen Wissenschaft ist die Feststellung, dass das gesamte Universum, in allen seinen Aspekten der räumlichen und zeitlichen Ausdehnung, quantisiert ist. Das bedeutet, dass die Energie des Universums nur in bestimmten Portionen, also Quanten, vorhanden und übermittelt werden kann.

Die drei wichtigsten Konsequenzen der Quantisierung des Universums sind die folgenden:
1) Die Einheitliche Familie aller physikalischen Größen;
2) Das Universale Spektrum der Materie-Geist Quanten;
3) Die kosmische Hierarchie des Sonnensystems.

Die komplette Ebene der Einheitlichen Familie aller physikalischen Größen stellt das untere Bild dar. Der universale Wert x_u eines beliebigen Quants jeder physikalischen Größe X kann (laut den Regeln in der oberen linken Ecke) aus der universalen Länge r_u und der universalen Periode t_u dieses Quants berechnet werden. Um die Werte der anderen Quanten dieser physikalischen Größe zu berechnen, braucht man nur diesen universalen Wert mit dem entsprechenden Materialfaktor zu multiplizieren. Wie man dem zweiten Diagramm (in Punkt 2) hier unten entnehmen kann, hat der Materialfaktor μ den Wert 1 für die Universalen Quanten der Membranen, den Wert zwischen 1 und 0 für die Quanten der nicht-lebenden Materie, und den Wert größer als 1 für die Quanten der lebenden Organismen. Die notwendige Potenz n dieses Materialfaktors berechnet man aus der Lage

(Spalte C und Reihe R) der gewünschten physikalischen Größe X auf unserer kompletten Ebene der Einheitlichen Familie.

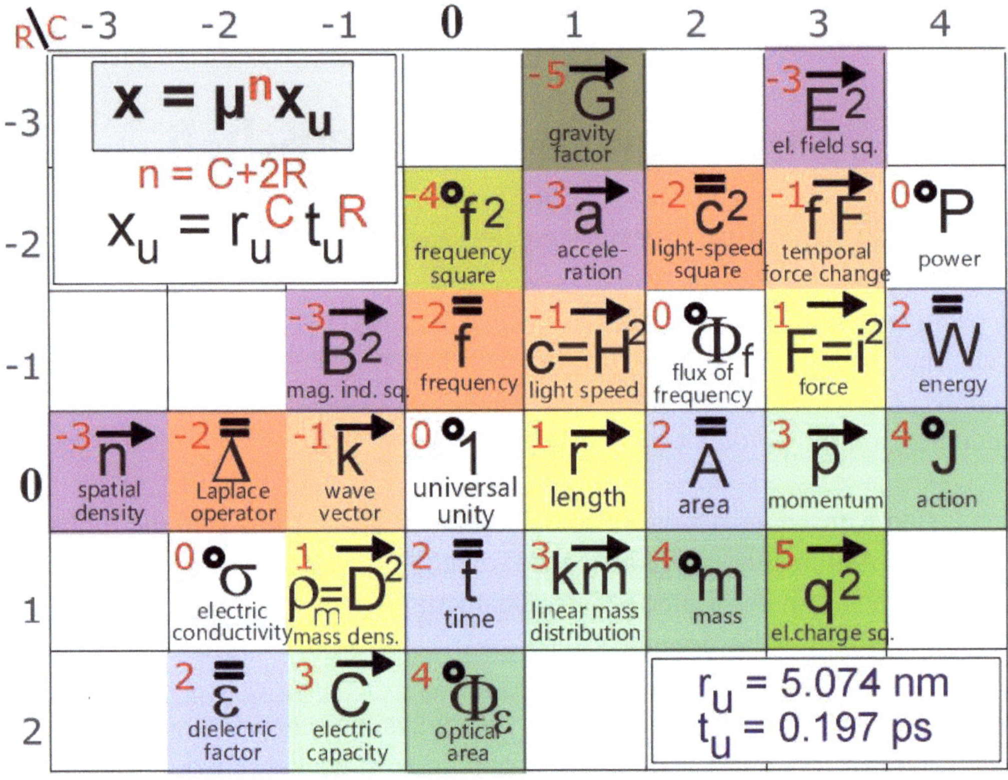

Der einzige experimentelle Wert, den man braucht, um die Universale Länge r_u zu berechnen, ist die Plancksche Konstante h. Um auch den Wert der Universalen Periode t_u zu berechnen, braucht man dazu noch den experimentellen Wert der elementaren elektrischen Ladung e. Im weiteren Verlauf der Vereinheitlichung der ganzen Physik kann man auch diese "Kontakte" zu der experimentellen Physik los werden. Die Natur braucht weder unsere Konstanten, noch physikalische Großen, noch physikalische Gleichungen, um zu funktionieren.

2. Das Spektrum der Materie-Geist Quanten

Material-klasse der Quanten	Konst. Φ_f, P B, E	$\sim\mu^1$ r, c^{-1} U, H	$\sim\mu^2$ t, W i, D	$\sim\mu^3$ p, a^{-1} Φ_H,C	$\sim\mu^4$ m, J q, $\widetilde{\mu}$	Elektro-magnetische Strahlung in Vakuum
Superhirn	-1	-10^8	-10^{16}	-10^{24}	-10^{32}	Extralange Wellen
	-1	-10^7	-10^{14}	-10^{21}	-10^{28}	
	-1	-10^6	-10^{12}	-10^{18}	-10^{24}	
Hirn	-1	-10^5	-10^{10}	-10^{15}	-10^{20}	Radiowellen
	-1	-10^4	-10^8	-10^{12}	-10^{16}	
Nerven	-1	-10^3	-10^6	-10^9	-10^{12}	Mikrowellen
	-1	-10^2	-10^4	-10^6	-10^8	
Gewebe	-1	-10^1	-10^2	-10^3	-10^4	Fernes Infrarot
Membranen	-1	-1	-1	-1	-1	**Infrarot**
Moleküle	-1	-10^{-1}	-10^{-2}	-10^{-3}	-10^{-4}	Sichtbares L. Ultraviolett
	-1	-10^{-2}	-10^{-4}	-10^{-6}	-10^{-8}	
Atome	-1	-10^{-3}	-10^{-6}	-10^{-9}	-10^{-12}	Röntgen Strahlen
	-1	-10^{-4}	-10^{-8}	-10^{-12}	-10^{-16}	
Atomkerne	-1	-10^{-5}	-10^{-10}	-10^{-15}	-10^{-20}	γ-Strahlen
	-1	-10^{-6}	-10^{-12}	-10^{-18}	-10^{-24}	
Quarks	-1	-10^{-7}	-10^{-14}	-10^{-21}	-10^{-28}	Kosmische Strahlen
	-1	-10^{-8}	-10^{-16}	-10^{-24}	-10^{-32}	

Wie das obere Diagramm der relativen Werte aller möglichen Materie-Geist Quanten zeigt, trennt das universale Niveau der Membranen die Quanten der lebenden Organismen (also die Gruppen der Quanten des Gewebes, der Nerven, des Hirns, und des Superhirns) von den Gruppen der nicht-lebenden Quanten (der Molekülen, der Atomen, der Atomkernen, und der Quarks) ab.

Was aber verstehen wir unter dem Begriff eines Quants des Universums? Ausgerüstet mit dem neuen Werkzeug der Einheitlichen Physik, kann man sich leicht vorstellen, wie die einzelnen Materie-Geist Quanten unseres Universums entstehen, und welche Eigenschaften sie haben. Das wichtigste Novum, was man sich fest einprägen muss ist die Zweidimensionalität der Energie in unserem Universum (wie übrigens auch die der Zeit): Energie ist kein traditioneller Skalar, sondern eine Flächengröße, wie sie das Diagramm im Punkt 1 definiert. Was bedeutet das? Stellen wir uns ein Quant der Energie als eine Seifenblase vor. So ist seine Energie nicht, wie die Luft in einer realen Seifenblase, in seinem Volumen verteilt, sondern nur auf seiner Oberfläche, genau wie die Seifenflüssigkeit auf einer realen Seifenblase.

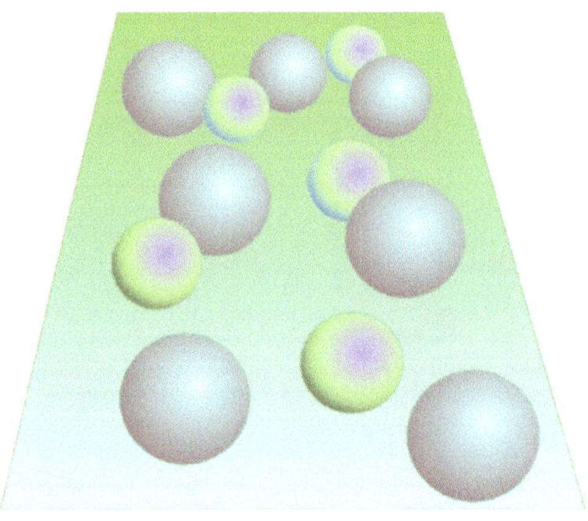

Eine andere charakteristische Eigenschaft der universalen Quanten ist ihre Quantentemperatur von etwa -30°C. Das bedeutet, die universalen Quanten, aus welchen das gesamte Universum aufgebaut ist, entstehen immer und überall dort, wo die "Umgebungstemperatur" relativ konstant den Wert von etwa -30°C behält. Auf der Erde gibt es so eine recht stabile Schicht der Atmosphäre, wo die Temperatur seit Jahrmillionen um eben diesen universalen Wert von -30°C liegt. Diese Schicht nennen wir Tropopause, weil sie die Troposphäre von der Stratosphäre trennt. Sie liegt normalerweise etwa zwischen 15 und 30 km über unseren Köpfen. Dort entstehen spontan immer wieder die universalen Quanten des Lebens und der unbelebten Materie. Die Gewitter (mit dem Regen oder

Schnee, aber vor allem mit den Blitzen) bringen diese Energiequanten zu uns auf die Erdoberfläche. Nur dank dieser ständigen Lieferung leben wir, und Alles andere, was lebt, auch.

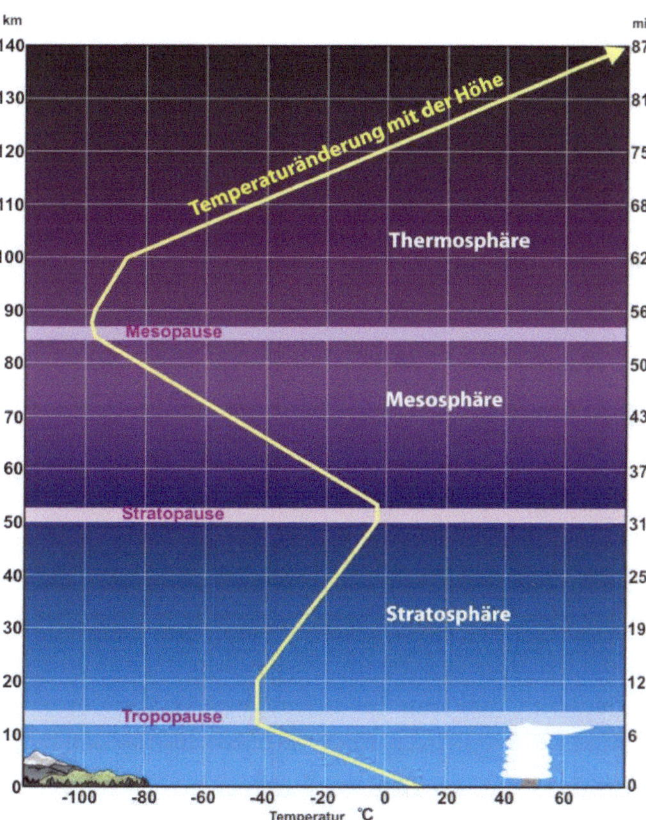

3. Die Weltformel - die endgültige Vereinheitlichung der Physik

In unserer Zusammenfassung der Einheitlichen Wissenschaft darf auch nicht eine kurze Bemerkung zu der Entdeckung der Weltformel fehlen. Was bezeichnet die Wissenschaft als 'die Weltformel'? Kurz gesagt, es ist eine Formel, mathematisch gesehen, eine einzige Gleichung, die die Grundlage aller Phänomene in der Natur des gesamten Universums, einschließlich des Lebens in ihm, eindeutig und ausreichend beschreibt. Seit Anfang der modernen Ära in der Wissenschaft war das ein Traum aller allgemein forschenden Wissenschaftler, so eine Weltformel zu entdecken, das heißt, zu finden und zu formulieren. Von Anfang an waren es aber nur die wenigen, wahrscheinlich nur die exotischsten von diesen Wissenschaftlern, die es ohne zu zögern wieder und wieder neu versuchten, und sich nicht von der überwältigenden Mehrheit der Skeptiker von der Suche abhalten ließen. Es dauerte fast immer Jahrzehnte lang, bis die Allgemeinheit ihren Gedanken folgen konnte und sich auch dazu bereit erklärt hatte.

Einer der wichtigsten Begründern der neuzeitlichen exakten Naturwissenschaften war Galileo Galilei, der im Februar 1564 (in Pisa) geboren wurde. Er war ein italienischer Universalgelehrter. Seine Forschung umfasste unterschiedliche Themen, die wir heute in Physik, Mathematik, Philosophie, Astronomie, Astrophysik, oder auch Kosmologie eingliedern würden. Er entwickelte die theoretischen und praktischen Methoden, die Natur durch die Kombination von Experimenten, Messungen und mathematischen Analysen zu erforschen. Eine der berühmtesten Reihen seiner Experimente war die Beobachtung und Messung der Bewegung der runter fallenden Körper aus dem schiefen Turm in Pisa. Seine wichtigste Entdeckung war jedoch die Beobachtung der Bewegung der Jupitermonde rund um den Jupiter. Damit erbrachte er den ersten direkten Beweis der Existenz des weiten Universums. Er starb in Januar 1642.

<table>
<tr><td colspan="2" align="center">Die Entdecker der materiellen Struktur des Universums</td></tr>
<tr><td align="center"></td><td align="center"></td></tr>
<tr><td align="center">Galileo Galilei
gestorben in Januar 1642</td><td align="center">Sir Isaac Newton
geboren in Januar 1643</td></tr>
<tr><td colspan="2" align="center">Mathematische Konsequenz: der Gravitationsfaktor G</td></tr>
</table>

<table>
<tr><td colspan="2" align="center">Die Entdecker der elektromagnetischen Strahlung</td></tr>
<tr><td align="center"></td><td align="center"></td></tr>
<tr><td align="center">James Clerk Maxwell
gestorben in November 1879</td><td align="center">Albert Einstein
geboren in März 1879</td></tr>
<tr><td colspan="2">Mathematische Konsequenz: Die Permittivität ε (auch als dielektrische Leitfähigkeit bekannt)</td></tr>
</table>

Merkwürdigerweise, nur ein Jahr später (in Januar 1643), wurde (der zukünftige Sir) Isaac Newton (in englischem Woolsthorpe-by-Colsterworth) geboren. Er war ein Physiker, Astronom und Mathematiker. Er beschäftigte sich aber auch mit theologischen, historischen und alchemistischen Untersuchungen. Er formulierte als erster ein Gesetz der universellen Gravitation und die Bewegungsgesetze der physikalischen Körper (auf der Erde und "im Himmel"), womit er den Grundstein für die klassische Dynamik legte. Er starb in März 1727.

Das zweite Paar der zeitlich und geistlich verbündeten Wissenschaftler bilden James Clerk Maxwell und Albert Einstein. James Clerk Maxwell wurde in Juni 1831 in Edinburgh geboren. Er war ein schottischer Physiker. Er entwickelte die Grundlagen der Elektrodynamik, der ersten in der Geschichte der modernen Wissenschaft Vereinheitlichung zweier bislang getrennt erforschten Zweigen der Naturwissenschaften, der Elektrik und des Magnetismus. Dadurch könnte er die Existenz von elektromagnetischen Wellen voraussagen (die Heinrich Hertz als erster 1886 erzeugte und nachwies). Maxwell starb in November 1879.

In März desselben Jahres 1879 (in Ulm) wurde Albert Einstein geboren. Er lebte danach auch in der Schweiz und in den USA. Er gilt weltweit als der bekannteste Wissenschaftler der Modernen Ära. Am häufigsten werden seine Forschungen zur Struktur von Materie, Raum, Zeit und Gravitation, unter dem gemeinsamen Titel der Relativitätstheorie, gepriesen. Die Vereinheitlichung der Gravitation mit dem Elektromagnetismus ist ihm jedoch nicht gelungen. Seine zweite Passion galt aber dem Licht und seiner elektromagnetischen Struktur. Auf diesem Feld erreichte er praktische Erfolge, die auch mit seinem Nobelpreis gewürdigt wurden. Die Vakuum-Lichtgeschwindigkeit hat er bis Ende seines Lebens als eine Konstante des Universums betrachtet (was ihn übrigens an der Vereinheitlichung der gesamten Physik gehindert hat). Einstein starb in April 1955.

Das dritte Paar der zeitlich und geistlich verbündeten Wissenschaftler bilden Max Planck und Autor dieses Buches, Peter Jakubowski. Max Planck wurde in April 1858 (in Kiel) geboren. Er war ein deutscher theoretischer Physiker. Er gilt als Begründer der Quantenphysik. Er hat als erster Mensch verstanden, dass die Energie der Atome (und ihrer Bestandteilen) sich nicht beliebig klein portioniert verbreiten kann. Diese Verbreitung kann nur in bestimmten "Portionen", den Quanten, stattfinden. Bei seiner Theorie zu den Energiequanten hat er seine wichtigste Entdeckung gemacht, wobei er eine "Naturkonstante", die später nach ihm genannte Plancksche Konstante h, eingeführt hatte. Diese Konstante ist der universale Wert der physikalischen Größe von Quantenwirkung J. Sie ist bis heute die am genausten gemessene Konstante der gesamten Physik. Für ihre Entdeckung hat Planck seinen Nobelpreis bekommen. Max Planck starb in Oktober 1947.

<table>
<tr><td colspan="2" align="center">Die Entdecker der Quanten Struktur des Universums</td></tr>
<tr><td align="center">
Max Planck
gestorben in Oktober 1947</td><td align="center">
Peter Jakubowski
geboren in März 1947</td></tr>
<tr><td colspan="2" align="center">Mathematische Konsequenz: Die Quantenwirkung J</td></tr>
</table>

Ich, Peter Jakubowski wurde in März 1947 (in polnischen Poznań; zu Deutsch: Posen) geboren. Ich bin ein polnischer Physiker und Universal-Philosoph, und seit 1985 deutscher Staatsangehöriger. Ich habe die fundamentale Bedeutung der Quantisierung der Energie erkannt und diese Idee auf das gesamte Universum ausgebreitet. Dank dieser Idee wurde die **Universelle Kraft F**, nach der man seit dem Anfang der modernen Wissenschaft gesucht hatte, ganz einfach definierbar. Und zwar als der einfache Produkt (Multiplikation) der drei früher gefundenen (und in den drei oberen Tabellen unterhalb der Fotografien ihrer Entdecker aufgelisteten) Faktoren: G, ε und J:

$$F = G\,\varepsilon\,J\,.$$

Diese Entdeckung war der wahre Zünder der weiteren Erforschung der Weltformel, der einzigen Gleichung, die alles Beobachtbare in der Natur erklären sollte.

Wie das Bild der Universalen Ebene der Einheitlichen Familie (in Punkt 1) zeigt, nur zwei der wichtigen physikalischen Größen (der Gravitationsfaktor G und das Quadrat der elektrischen Ladung q^2) gehören der Materialklasse 5, und sind deshalb nicht auf dem Diagramm des Quantenspektrums (in Punkt 2) aufgelistet. Das Bild erklärt auch den Grund, warum man in der Einheitlichen Physik das äquivalente Symbol W (vom englischen Wort für Arbeit "*work*") für die Energie verwenden muss; weil man das traditionell benutzte Symbol E für das Elektrische Feld lassen muss, das keine äquivalente Große hat. Und das Bild der Kompletten Ebene der Einheitlichen Familie zeigt uns auch, dass die einheitliche Kraft F, egal wie "revolutionär" uns die oben gebotene neue Definition erscheinen mag, nur ein einfacher Gradient der Energie W ist: F = kW. Und, was noch wichtiger, Kraft ist eine Vektor-Größe. Was bedeutet das? Ist das schlimm?

Es ist nicht schlimm, aber es macht die Kraft zu einem (in der Physik, nicht aber in der Technik!) überflüssigen Begriff. Im weiteren Verlauf der Vereinheitlichung der gesamten Physik wurde nämlich selbst auch die Notwendigkeit der Benutzung aller Vektor-Größen in Frage gestellt. Alle diese Größen, wie eben Kraft, aber auch die Länge oder Geschwindigkeit, sind nur illusorische physikalische Größen. Es gibt in der quantisierten Natur keine linearen Objekte, und keine linearen Bewegungen. Auch die natürlichen Quanten der Zeit sind nicht skalar oder linear. Das bedeutet: Die Quantenzeit zirkuliert, sie ist zweidimensional, wie die Energie selbst. Deswegen können wir aus der kompletten Ebene der Einheitlichen Familie alle Vektor-Größen streichen. Dann erhalten wir solche Kompakte Form der Einheitlichen Familie, wie auf dem Bild unten.

Die einzige Wechselwirkung, die uns jetzt noch bleibt, ist tatsächlich nur der Energietransfer, die Übertragung der Energie von einem Quant des Universums auf ein anderes. Die Weltformel erscheint bereits auf diesem Diagramm, was der blaue Pfeil (mit dem roten gemeinsam) verdeutlicht.

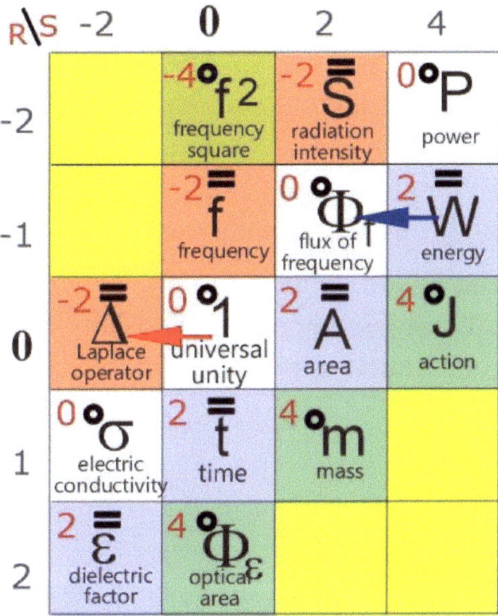

Mit den neuen Werkzeugen der Universalen Philosophie ist es nur eine Sache der Geduld und der Ausdauer, Schritt für Schritt, aus der Unmenge der bislang in den Naturwissenschaften definierten physikalischen Größen, Konstanten, und Gleichungen, die richtige Konsequenzen zu ziehen, um die einzigartige Weltformel herauszufiltern (*den genauen Weg dahin habe ich in meinem früheren Buch: "Universale Philosophie des Lebens" beschrieben*). **Hier ist diese Weltformel**:

$$\Delta W = \Phi_f = \text{constant.}$$

Wir lesen sie wie folgt: Die Flächenverteilung der Energie auf allen Quanten unseres Universums ist immer die gleiche, sie ist konstant. Und diese Konstante gleicht dem universellen Quantum der Quantenzirkulation Φ_f,

$$\Phi_f = f * A = \text{constant} = 1.3096*10^{-4}\ \text{m}^2/\text{s}.$$

Es ist egal, ob wir mit einem Elektron, einem Atom, einem Nervenquant, einer Galaxie, oder auch dem gesamten Universum zu tun haben, seine Quantenenergie hat immer die gleiche "Flächenstärke". Nur deswegen kann die Energie so "mühelos" von einem Quant auf das andere übertragen werden. Nur deswegen funktioniert das Universum - und das Leben in ihm - so reibungslos. Bei jedem Akt der Energieübertragung in der Natur wird immer nur 1,31 cm^2 der Energie pro Sekunde zwischen den Energiequanten "bewegt". Für ein mikroskopisches Bakterium wird das schnell geschehen, für einen Proton extrem schnell, für unsere Gefühle aber doch ziemlich langsam, und für die Galaxien fast unmerklich langsam.

4. Die Kosmische Hierarchie des Sonnensystems

Tabelle I. Die Kosmische Hierarchie des Sonnensystems

S	Objekt	Radius [AE]	Zyklus [Jr] = Radius [ULJ]	Geschwindigkeit [km/s]	Masse [$M_{\text{Ur-Sonnensystem}}$]
10	Noch unbekannt	2.369×10^{11}	4.353×10^{10}	3795.4	4.35×10^{14}
9	Sloan Großer Attraktor	1.951×10^{10}	3.585×10^{9}	2033.2	1.03×10^{13}
8	Großer Attraktor	1.607×10^{9}	295.2×10^{6}	1089.2	2.43×10^{11}
7	Virgo Cluster der Galaxien	1.323×10^{8}	24.311×10^{6}	583.48	5.74×10^{9}
6	Andromeda Galaxien Gruppe	1.090×10^{7}	2.0021×10^{6}	312.57	1.36×10^{8}
5	Große Magellansche Wolke	8.974×10^{5}	164878	167.44	3.21×10^{6}
4	Omega Centauri Cluster	7.390×10^{4}	13578.3	89.698	7.58×10^{4}
3	Orion Komplex	6085.97	1118.22	48.051	1790.42
2	Ursa Major Bewegungsgruppe	501.201	92.0896	25.741	42.31
1	Sonnensystem	41.2757	7.58390	13.76	1
0	Ur-Sonnensystem	3.39920	0.62456	–	0.0236
Sk	–	cqn^{8}	cqn^{8}	cqn^{2}	cqn^{12}

Farbenkode:	Exakt wie beobachtet	Nahe der Beobachtung	Entdeckt mit der Einheitlichen Physik

Die **wichtigste Bemerkung** zu dieser Tabelle: Alle Zahlen dieser Tabelle sind **theoretisch berechnet**.

Weitere Bemerkungen zu Tabelle I:
S – Stufe; Sk – Skalierung; kosmische Quantenzahl – cqn = 1.3662801;
(cqn^{2} = 1.8667213; cqn^{8} = 12.142775; cqn^{12} = 42.3133).

Die verwendeten Einheiten und Symbole sind:

- die kosmische Quantenzahl, cqn = 1.3662801, stammt aus unserer Relation der gegenwärtigen Massedichte des Sonnensystems zu der des Ur-Sonnensystems (*die im Text weiter erläutert wird*);

- die universelle Lichtgeschwindigkeit, c_u = 25741.16 m/s , ist eine der wichtigsten Entdeckungen der Einheitlichen Physik;

- die astronomische Entfernungseinheit, AU = 1.492581×10^{11} m, ist die theoretisch berechnete mittlere Entfernung Erde-Sonne;

- das universelle Lichtjahr, ULJ = 8.123429×10^{11} m = 5.442538 AE, ist die Entfernung, die ein Lichtstrahl mit der universellen Geschwindigkeit c_u in einem Jahr zurücklegt;

- die Entfernung von 7.58390 ULJ der Ur-Sonne zu ihrem ursprünglichen Begleiter, dem *Andrea-Stern* (), betrug: (7.58390) x (5.442538 AU) = 41.2757 AU; heute ist diese als Kuiper-Gürtel-Radius bekannt.

Es ist bedauerlich, und gleichzeitig erstaunlich, dass, obwohl fast die gesamte Struktur der Kosmischen Hierarchie des Sonnensystems der traditionellen Wissenschaft bereits bekannt war, sich noch vor mir niemand gefunden hat, der diese Fakten zusammen gefügt und die notwendige Schlüsse gezogen hätte, um unsere kosmische Heimat vollständig zu beschreiben. In meinen früheren Büchern, vor allem aber in der Zusammenfassung des neuen einheitlichen Wissens: "*Universale Philosophie des Lebens*", (https://naturics.info/andere-wichtige-buecher/) habe ich diese Lücke in unserem Wissen endlich geschlossen. Dort beschreibe ich, unter anderem, wie auch die letzten zwei physikalischen Werte, die der Planckschen Konstante h und der elektrischen Elementarladung e aus der Masse der Urwolke, aus der unser Sonnensystem entstanden ist, zu berechnen sind. Aus dieser Masse, die in der Stufe 1 der Tabelle I als 1 zu finden ist, und aus dem Modell des Ur-Sonnensystems, das wir im nächsten Punkt hier kurz beschreiben, kann man die gesamte Tabelle I einfach berechnen. Und wie die grün und blau markierten Zahlen der Tabelle andeuten, unsere theoretischen Werte sind genau (oder fast genau) dieselben, die die beobachtenden Astrophysiker bis heute gemessen haben.

Das erstaunlichste Ergebnis dieser Berechnung ist das Fehlen solcher Stufe unserer Kosmischen Hierarchie, die man traditionell als die Milchstraßengalaxie genannt hat. Stattdessen, nach der Stufe

3 des Orion-Komplexes, sehen wir die mit "nur" 13578 Lichtjahren relativ kleine Ansammlung der Sterne, nämlich Omega Centauri Cluster. Dafür entpuppt sich die bislang in der Wissenschaft stark vernachlässigte Große Magellansche Wolke als unsere "Großmutter" Galaxie.

Die wichtigste praktische neue Erkenntnis aus der Tabelle I ist jedoch die Reihenfolge der Perioden der einzelnen Stufen der Kosmischen Hierarchie. Diese Reihenfolge bildet die Zeitskala der Kosmischen Ereignisse in unserem beobachtbaren Universum. Sie erstreckt sich über zehn Stufen, von etwa 7 Monaten (Stufe 0) bis 3,585 Milliarden Jahren. Es mehren sich aber auch Hinweise, dass auch die nächste Stufe 10, mit ihrer Periode (oder kosmischen Beobachtungstiefe) von 43,5 Milliarden Jahren auch in diesem Jahrhundert, mit Hilfe von immer stärkeren Teleskopen, beobachtet werden kann. Einige Eigenschaften und bekannte Fakten zu der neuen kosmischen Zeitskala besprechen wir hier unten im nächsten Punkt 5.

Wie soll man sich unsere Kosmische Hierarchie praktisch vorstellen? Kann man sie auf dem Himmel sehen? Wieso hat man von ihrer Existenz bis heute nicht gewusst? Die Antwort auf die letzte Frage kann ich nur vermuten: Weil man nicht auf die Idee kam, dass sie von Bedeutung für unseres Allgemeinwissen sein könnte; der Himmel ist weit weg von uns, und solange wir uns mit den irdischen Problemen beschäftigen, ist er zwar beeindruckend auf den astrophysikalischen Fotos, aber mit kaum spürbarem Einfluss auf unseres Leben selbst.

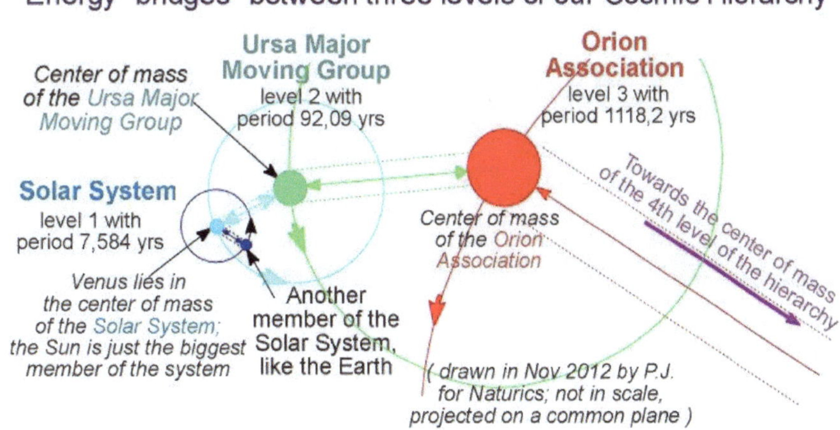

Als die Antwort auf die erste der drei obigen Fragen sehen wir uns die obere Skizze an. Sie stellt schematisch die drei niedrigsten Stufen unserer Hierarchie dar. Wir sehen dort das Sonnensystem als einen Satelliten der Lokalen Gruppe der sich zusammen bewegenden Sterne (Ursa Major Moving Group), die wiederum ein Satellit der Ansammlung von Sternen ist, die wir als Orion Komplex (Orion Association) bezeichnen. Jeder Satellit ist mit seinem Zentrum der Bewegung durch eine energetische Verbindung gehalten, die ich als Energiebrücke der entsprechenden Stufe bezeichne. Man soll sich so eine Brücke als ein "Band" der erhöhten Energiedichte vorstellen. In der Praxis, je höher die Stufe der Energiebrücke, desto "dicker" die Energieträger solcher Brücke, von kleinen, Stein-ähnlichen Objekten bei den niedrigsten Stufen, über einzelne Sterne bei größeren, bis zu ganzen Galaxien, ja sogar Galaxienhaufen, bei den höchsten Stufen.

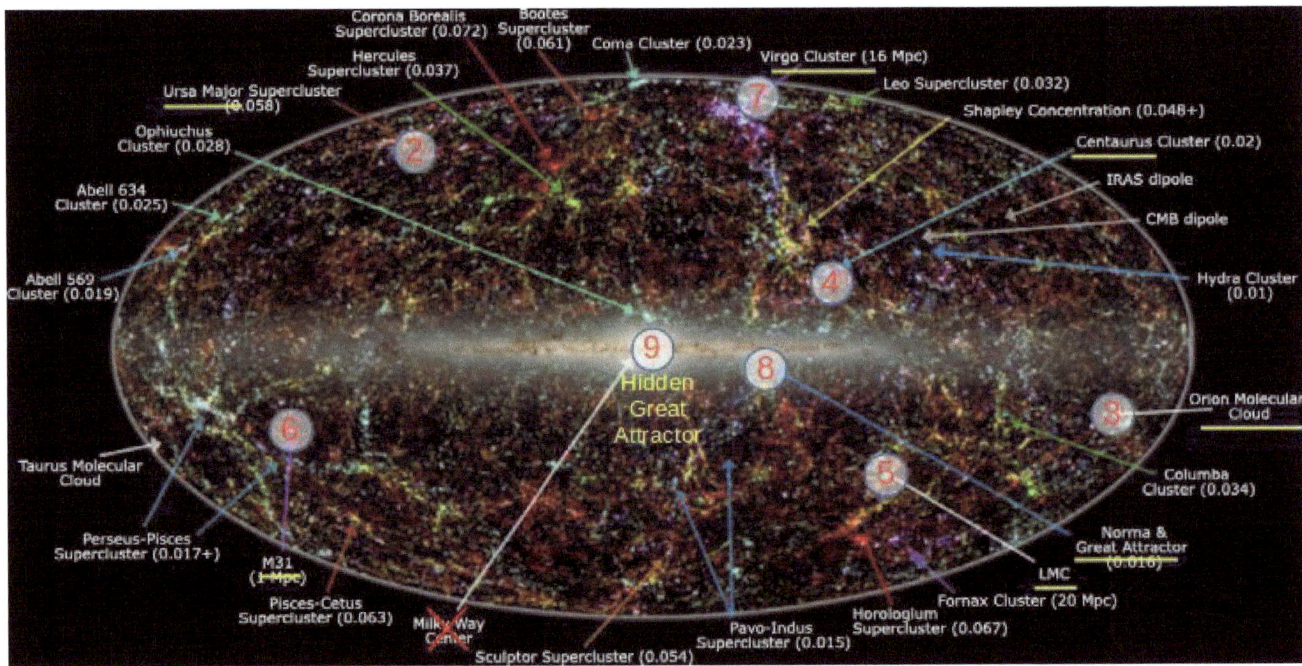

Die reale Kosmische Hierarchie des Sonnensystems kann natürlich kein "flaches" Gebilde sein, sie erfüllt den ganzen Himmel über unseren Köpfen. Erst in den letzten Dekaden lieferte uns die beobachtende Astrophysik ein Gesamtbild des Himmels, mit allen zur Zeit sichtbaren Objekten der ganzen Größenskala. So ein Bild der NASA sehen wir hier oben [Quelle: Wikipedia].

Die entsprechenden Namen der einzelnen Stufen der Kosmischen Hierarchie des Sonnensystems kann man am Rande des Bildes finden (ich habe sie gelb markiert), und die Nummern der Stufen auf dem Bild selbst. Die Große Magellansche Wolke versteckt sich unter der englischen Abkürzung LMC, und die Andromeda Gruppe unter dem Namen M31. Die Milchstraßengalaxie im Zentrum, wie oben gesagt, war nur eine Illusion, ein Wunschobjekt. Die höchste Stufe der Hierarchie versteckt sich im Zentrum des Bildes. Die erfahrenen Astrophysiker sehen auf dieser Darstellung des Himmels auch die Energiebrücken, die die einzelnen Stufen der Hierarchie miteinander verbinden.

Für uns, als Nicht-Spezialisten gibt es aber auch mehr deutliche Abbildungen der realen Energiebrücken auf dem Himmel über unseren Köpfen. So ein Bild, das mich am meisten beeindruckt, sehen wir hier oben. Das ist ein Beispiel der Energiebrücke der Stufe 6, zwischen der Großen Magellanschen Wolke (am rechten Ende der Brücke) und der Andromeda Gruppe von Galaxien (am linken Ende der Brücke). Diese Brücke ist für dieses Bild in Wasserstoff-Spektrum aufgenommen worden. Vor 337 Tausend Jahren hat das Sonnensystem (mit der Erde und den Primaten auf ihr) genau diese Brücke überqueren müssen. Durch die davon verursachten klimatischen Änderungen für das Leben auf der Erde wurden einige Gruppen der Primaten gezwungen sich weiter zu entwickeln und dadurch unsere Familie *Homo sapiens* zu gründen (*darüber berichten wir mehr auf weiteren Seiten dieses Buches*). Ich finde es überwältigend, die Spuren dieses wichtigen Ereignisses auf dem Himmel so deutlich zu sehen. [Quelle des Bildes: Wikipedia].

Ein Übergang des Satelliten einer Stufe n durch so eine Energiebrücke, die den Satelliten mit seinem Bewegungszentrum der Stufe n+1 verbindet, bedeutet eine etwa 100-fache Steigerung der Energiedichte in der Gegend, die der Satellit passieren muss. Danach kommt eine Periode der Entspannung (*eng. relaxation*) und dann die längere Periode der Stabilität (*eng. stabilization*).

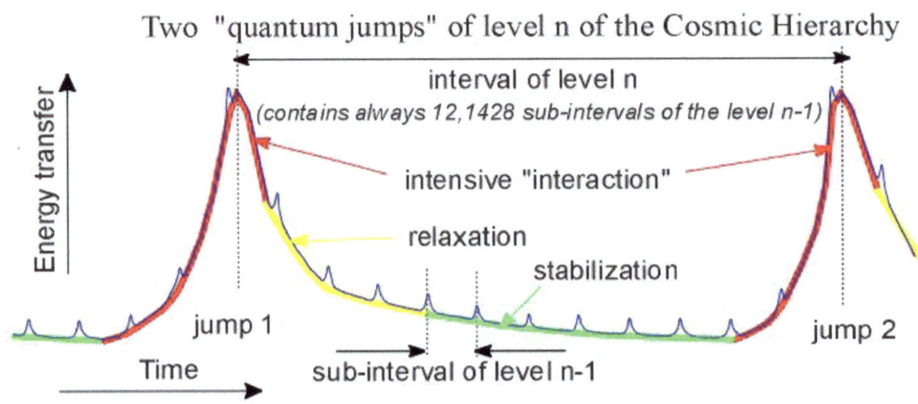

Wegen dieser sprunghaften Steigerung des Energietransfers zu der Oberfläche des Satelliten in der intensiven Phase jeder nachfolgenden Periode der Existenz des Satelliten, nenne ich diesen Durchgang als kosmischen Sprung (oder genauer - energetischen Quantensprung). Jede volle Periode der Stufe n ist immer auf 12.1428 Unterperioden der Stufe n-1 geteilt, mit ihren eigenen Quantensprüngen, die allerdings immer um den Faktor 100 weniger Energie transferieren. Das bedeutet praktisch, dass kurz vor jedem Quantensprung der Stufe n noch der letzte der 12 Quantensprüngen der Stufe n-1 stattfindet. Das verlängert zusätzlich die Dauer der extrem intensiven Phase jedes Quantensprungs. Daran soll man sich erinnern, wenn man die praktische Dauer eines jeden kosmischen Quantensprungs analysiert.

Die Idee der internen Dynamik der Kosmischen Hierarchie unseres Sonnensystems wurde genau aus diesen Überlegungen geboren. Die natürlichen Systeme scheinen immer auf eine bestimmte Weise organisiert zu sein. Auf jeder Stufe der hierarchischen Struktur haben die Subsysteme ihren Ursprung in einer zentralen Masse, einer Art "Kern", und den entsprechenden Satelliten, die um sie herum kreisen[1]. Die Anzahl der Satelliten auf jeder Stufe wird ebenfalls durch die Quantisierungsregeln bestimmt. Das von mir bereits in den achtziger Jahren entdeckte neue physikalische Gesetz der ungestörten Bewegung scheint die Bildung solcher natürlichen Quantensysteme zu regeln. Es basiert auf der "Rangordnung" der Systemkomponenten:

> In jedem kollisionsfreien physikalischen System, nimmt jedes jüngere Teilsystem einen solchen energetischen Platz im wachsenden System ein, an dem dieses jüngere Teilsystem die Bewegung eines älteren Teilsystems energetisch nicht stört.

Mit anderen Worten: Jedes jüngere Teilsystem passt sich energetisch an die globale energetische Situation an, auf die es als neues Mitglied des Systems trifft. Diese einfache Regel scheint den energetischen Platz eines jeden neuen Mitglieds im System zu bestimmen. Das System kann immer größer werden, aber die "primäre" Bewegung der internen Satelliten um ihre Massezentren (Kerne) bleibt während des natürlichen Wachstumsprozesses energetisch ungestört.

---

1 Man beachte, dass wir hier nicht weit von Bohrs Idee eines Atoms entfernt sind.

5. Die Universale Kosmische Zeitskala

Die älteren von uns sind daran gewöhnt, unsere tägliche Zeitskala mit Hilfe einer Uhr zu visualisieren. Der Stundenzeiger geht einmal in zwölf Stunden um das Zifferblatt, der Minutenzeiger einmal in einer Stunde. Was aber, wenn unsere zu visualisierende Zeit, wie unsere Kosmische Zeit in diesem Buch, mit einem einzigen, hierarchischen Skalierung-Parameter definiert wurde, in unserem Fall mit dem Wert 12.1428? Wie können wir eine solche Uhr für alle Perioden der Kosmischen Hierarchie auf einmal darstellen? Eine mögliche Form einer solchen Darstellung zeigt das untere Bild.

Bemerke die zusätzliche (grau gefärbte) Fläche des Zifferblatts, zwischen den Stunden 12 und 0, weil der Skalierungsfaktor unserer Kosmischen Hierarchie eben 12.1428 beträgt (und nicht genau 12, wie bei einer gewöhnlichen Uhr). Die Zeiger 1 bis 8 zeigen die bis heute (*im Bild war das Jahr 2020*) vergangenen Zeitintervalle seit den entsprechenden Quantensprüngen der Ebenen 1 bis 8 der kosmischen Hierarchie unseres Sonnensystems (*vgl. Tabelle I*). Der größte Zeiger 8 zeigt die Zeit an, die seit dem jüngsten kosmischen Quantensprung der Stufe 9, der vor 3506.673 Millionen Jahren stattfand, vergangen ist. Wie wir sehen, steht er heute kurz vor der 12-Uhr-Stellung, die er in 35.739 Millionen Jahren erreichen wird (*vergleiche*

dazu das linke Bild unten). Die volle Periode der Stufe 9 dauert 3584.57 Millionen Jahre. Die Stunde 0 der Stufe 8 wird also in 77.897 Millionen Jahren (77.897 = 3584.57 - 3506.673) erreicht. Dann wird die Uhr so aussehen, wie auf dem rechten Bild dargestellt.

The End of our present Solar System

Begining of the next Cosmic Hierarchy

Als unser Mond vor 3506.673 Millionen Jahren entstanden ist, hat die Kosmische Uhr aber genauso ausgesehen. Eine vorherige Periode der Stufe 9 war beendet worden und der Zeiger der Stunde 8 stand auf 0. Es dauerte elf volle Stunden der Stufe 8 (also 3.247 Milliarden Jahre) bis sich die Klasse der *Säugetiere* herausgebildet hat. Danach dauerte es noch weitere zehn Stunden der Stufe 7 (also 241 Millionen Jahre) bis die Ordnung *Primaten* (mit ihrer ersten Familie, wahrscheinlich *Ramapithecus*) auf der Bühne des Lebens erschienen war. Und erst nach sechs weiteren Stunden der Stufe 6 (also nach weiteren 12 Millionen Jahren) hat die siebte Familie der Primaten, die Familie *Australopithecus* die Entwicklungslinie der Menschenaffen verlassen. Ich vermute, sie waren die ersten Lebewesen, die gelernt haben ein natürlich brennendes Feuer "am Leben" zu erhalten. Diese Entdeckung hat ihnen ermöglicht, sich gegen alle stärkeren Feinde zu behaupten. Sie waren schwächer, aber schlauer. Ihre Nachfolger-Familie, *Homo erectus*, war zwar stärker, aber den Schutz des Feuers hat auch sie gut gebraucht (2 Millionen Jahre später; *vergleiche die beiden Bilder unten*). Diese Familie wurde ursprünglich *Homo erectus* benannt, obwohl sie heute eher *Homo ergaster* heißt, weil der Name *Homo erectus* für die asiatischen Vertreter dieser Primaten reserviert sein sollte.

Cosmic Time: 4.3407 My ago
Birth of Family Australopithecus

Cosmic Time: 2.3386 My ago
Birth of Family Homo erectus

Eine nächste Stunde der Stufe 6 später (vor 336.5 Tausend Jahren) erschien endlich unsere eigene Familie *Homo sapiens* (mit ihrer ersten Gattung *Homo sapiens Heidelbergensis*, von der allerdings nur sehr wenig Fossilien bis heute gefunden wurden).

Cosmic Time: 0.3365 My ago
Birth of Family Homo sapiens

Cosmic Time: 0.1716 My ago
Birth of Genus Homo sapiens Neanderthalensis

Bei jedem Schlag eines beliebigen Zeigers unserer kosmischen Uhr sind alle unteren (kürzeren) Zeiger immer auf 0 Uhr eingestellt. Der Zeiger 6 hat seine 8-Uhr-Position zum letzten Mal vor 336500 Jahren überschritten. Zu diesem Zeitpunkt unserer kosmischen Geschichte zeigten alle Zeiger 1 bis 5 auf 0 Uhr. Die zweite Gattung unserer Familie ist uns schon viel besser bekannt; das ist die Gattung *Homo sapiens Neanderthalensis*, die durch den ersten Quantensprung der Stufe 5 aus der Familie *Homo sapiens* ins Leben "berufen" (oder erzwungen) wurde (*vergleiche das linke und rechte Bild oben*).

Cosmic Time: 30 years ago
Birth of our 1st Global Civilization

Cosmic Time: in 6840 years
End of our Species Homo sapiens Sapiens

Seitdem hat der Zeiger 5 nur noch ein Mal geschlagen, und das vor gerade 6743 Jahren. Energetisch gesehen, war dieser kosmische Quantensprung der Stufe 5 immer noch so gewaltig gewesen, dass wir unter seinen Folgen bis heute sehr zu leiden haben (*vergleiche dazu nochmals mein Buch "Universale Philosophie des Lebens"*). In Höhepunkt dieses Quantensprungs hat auch der Zeiger 4 auf 0 Uhr gezeigt. Seitdem hat der Zeiger 3 sechsmal seine Stunden geschlagen; der letzte Schlag erfolgte am 1. November 1989 (*vergleiche das obere Diagramm links*). Bei diesem Schlag war der Zeiger 4 bereits auf dem halben Weg zu seiner ersten Stunde, die das rechte Bild oben signalisiert. Das wird der Moment des Endes unserer Spezies *Homo sapiens Sapiens* in 6835 Jahren (6835 = 13578 - 6743).

Sollte ich mir also die Mühe machen, von der Kosmischen Uhr die aktuelle Stunde, während ich dieses Buch schreibe, ablesen zu wollen, so musste ich folgendes sagen: ich schreibe diesen Satz am 25 November des

Jahres 2023, also vier und halb Stunden der Stufe 1 nach der Stunde 0 der Stufe 2, nach 6 Uhr der Stunde 3, nach 0 Uhr der Stufe 4, nach 2 Uhr der Stufe 5, nach 8 Uhr der Stufe 6, nach 10 Uhr der Stufe 7, nach 11 Uhr der Stufe 8 der gegenwärtig laufenden Stunde der Stufe 9. Das klingt kompliziert. Diese Zeitansage beinhaltet aber den ganzen Verlauf des Lebens auf der Erde und die Ganze Geschichte des Sonnensystems seit dem Ereignis, in dem unser Mond entstanden ist. In diesem Kontext ist das doch das Einfachste, was man dazu sagen könnte, oder?

Kapitel 2

Die Theorie des globalen Klimas der Erde

1. Das Ur-Sonnensystem

Vorerst müssen wir ein Irrtum der traditionellen Astrophysik aus dem Weg schaffen: **Die Sonne, mit ihrer Planeten, hätte niemals als ein Einzelstern entstehen können!**

Es geht um die Entstehung des Sonnensystems. Wir überspringen dabei alle antiken Beschreibungen dieses Prozesses und beginnen sofort mit der heute von allen Wissenschaftlern anerkannten Version. Laut dieser Version, ist die Sonne aus einer kosmischen Wolke des kosmischen Staubs und Gases entstanden. Solche Wolke hat typischerweise die Form einer Scheibe, ähnlich dem Diskus eines Diskuswerfers. Diese Form ist die Folge der eigenen Rotation der Scheibe, die wiederum für alle frei schwebenden kosmischen Objekte typisch sein soll. Jede rotierende, frei schwebende Wolke hat einen Punkt in ihrer Mitte, den wir das Zentrum der Rotation nennen. Die ganze Masse der Scheibe rotiert um diesen Punkt herum (*genauer genommen, um eine Achse, die diesen Punkt durchläuft*). Und jetzt wird es spannend. Jetzt kommt eine physikalische, im siebzehnten Jahrhundert von Isaac Newton definierte, anziehende Kraft der Gravitation ins Spiel. Die einzelnen Staub- und Gas-„Teilchen" ziehen mit dieser Kraft die anderen an sich. Da aber am meisten der „Teilchen" um das Rotationszentrum verteilt sind (und nicht, zum Beispiel, um einen Punkt am Rande der Scheibe), wird sich allmählich die ganze Masse der Wolke um das Rotationszentrum konzentrieren. Wohlgemerkt, die ganze Masse der ursprünglichen kosmischen Wolke. Es bleibt keine Masse mehr übrig, aus der sich irgendwelche andere Objekte (wie Planeten oder Monde) bilden könnten. Die Masse im Zentrum der Scheibe verdichtet sich so stark, dass irgendwann eine

Kernreaktion im Zentrum zündet. Ein Stern wird geboren. So und nicht anders sollte unsere Sonne als ein Einzelstern geboren sein. Unter dem Teppich bleibt jedoch die blöde Frage: wo kommt die Masse der heutigen Planeten und Monde her, die wir um die Sonne kreisen wissen? Egal was Sie als eine Antwort auf diese Frage in den Texten der traditionellen Wissenschaft finden, es kann mit dem Newtonschen Gesetz der Gravitation nicht übereinstimmen. Ein einzelner Stern kann keine Planeten besitzen. Punkt. Blöd für alle Traditionalisten, aber wahr.

Die Einheitliche Wissenschaft erzählt zu der Entstehung des Sonnensystems eine ganz andere Geschichte. Unsere Sonne wurde nicht als ein Einzelstern geboren. Sie hatte von Anfang an einen Begleiter, dessen Reste heute noch in unserem Sonnensystem zu sehen sind und die Evolution des Lebens auf der Erde immer noch beeinflussen. Diesen Begleiter der Ur-Sonne nenne ich Andrea-Stern.

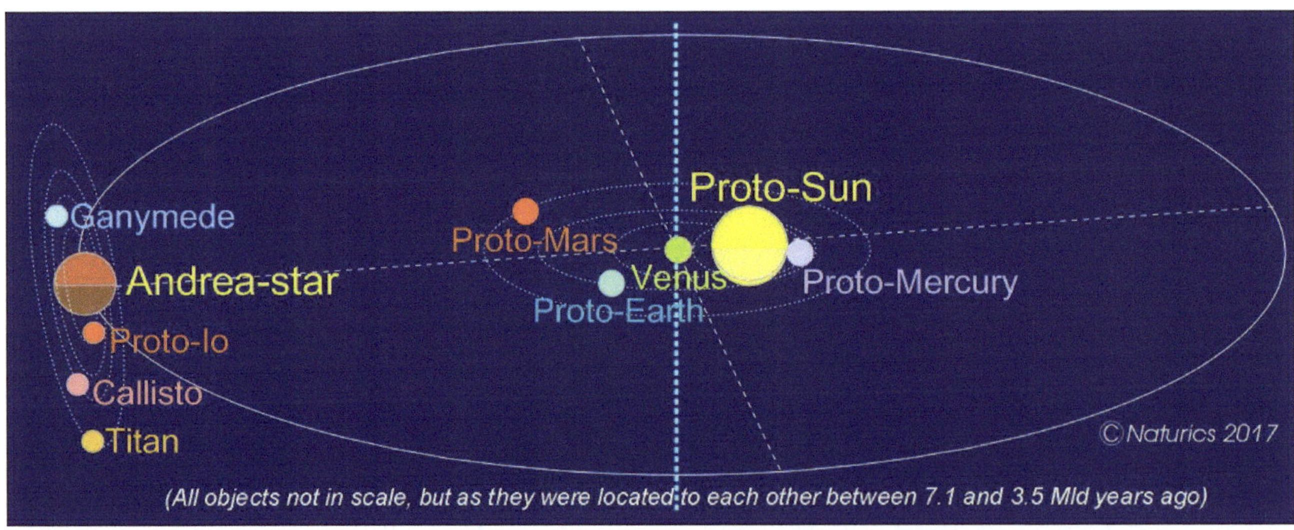

Nebenbei müssen wir auch ein zweites Irrtum der traditionellen Astrophysik beseitigen: **Die "Gas-Planeten" des Sonnensystems sind keine Planeten!** Man könnte romantisch sagen, dass der Andrea-Stern sein Leben geopfert hat, um die Evolution des Lebens auf der Erde zu ermöglichen.

Tatsächlich, in der größten kosmischen Katastrophe (der Stufe 9), die unser Sonnensystem je erlebt hatte, wurde der Andrea-Stern zerstückelt. Er hat aber aus seinen Überresten, zusammen mit der entsprechend verkleinerten Sonne, das heutige Sonnensystem geformt. Sein ehemaliger Kern ist der heutige Jupiter. Der Saturn ist der Rest des Angreifers des Andrea-Sterns. Uranus und Neptun sind zwei senkrecht zueinander rotierenden "Rauchwolken" aus dieser Katastrophe. Der größte Teil der ehemaligen Masse des Andrea-Sterns (etwa 17 Jupitermassen) begleitet aber nach wie vor die Sonne entlang des sogenannten Kuiperschen Gürtels als ihr Dunkler Begleiter (*eng. Dark Companion*). Nur das erweiterte Zweisterne-System erlaubt die Existenz der acht Quantenbahnen für die vier "Stein-Planeten" und die vier "Gas-Planeten" des heutigen Sonnensystems.

2. Die Entstehung des heutigen Sonnensystems

Während der Katastrophe vor 3507 Millionen Jahren, hat der Saturn, der immer noch hinter dem Kern des Andrea-Sterns (dem heutigen Jupiter) her war, bei seinem Vorbeiflug durch das Zentrum des Sonnensystems den Ur-Mars zerstückelt. Der größte Brocken aus dieser Sprengung wurde in die Richtung der Ur-Erde geschickt und nach einiger Zeit tatsächlich die Erde gestreift. Glücklicherweise war das kein zentraler Zusammenstoß, sonst hätte keiner der beiden Objekte dieses Treffen überlebt. Aus diesem Zusammenstoß sind die drei neuen Körper entstanden: die heutige Erde, unser großer Mond, und der heutige Mars, das jämmerliche Stückchen, das aus dem einmal erdähnlichen Ur-Mars geblieben ist. Dieses "Treffen" fand in einer Entfernung zur Sonne statt, die um ein Drittel länger war als der heutige Abstand Erde-Sonne. Dort, 50 Millionen km weiter als heute, (in der Entfernung von 1.368 AU; *Astronomische Einheiten*) war eben die ursprüngliche Position der Ur-Erde auf ihrem quantisierten Orbit in dem Ur-Sonnensystem. Da der Rest des Ur-Mars auf die Ur-Erde von Außen kam, hatte das neue Doppelsystem Erde-Mond einen Schubs in Richtung des Zentrums des Sonnensystems erfahren. Seit dieser Zeit verkleinert sich also der Abstand Erde-Sonne langsam aber kontinuierlich. Heute liegt er bekannterweise bei 1 AU. Der viel leichterer Mars wurde natürlich in die andere Richtung abgestoßen und liegt heute im Durchschnitt in einer Entfernung zur Sonne von 1.524 AU. Die Venus bleibt natürlich nach wie vor im Zentrum des Sonnensystems, wo auch immer noch das Zentrum der Masse der Urwolke zu lokalisieren ist, aus der vor 7.1 Milliarden Jahren das Ur-Sonnensystem entstanden war.

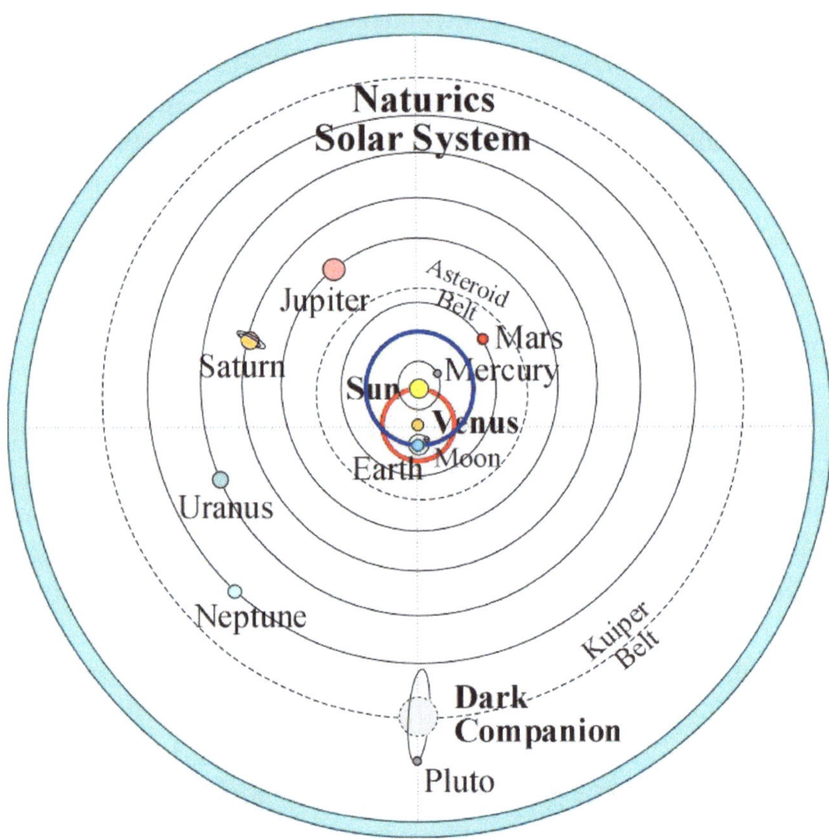

Die Sonne kreist also um die Venus, und nicht umgekehrt. Und auch die Erde kann nicht so ruhig (und langweilig) um die Sonne auf einer Ellipse kreisen, wie wir es in der Schule gelernt haben. Der wahre Orbit der Erde im Sonnensystem ist heute eine (fast) ideale Rosette, wie das untere Diagramm zeigt.

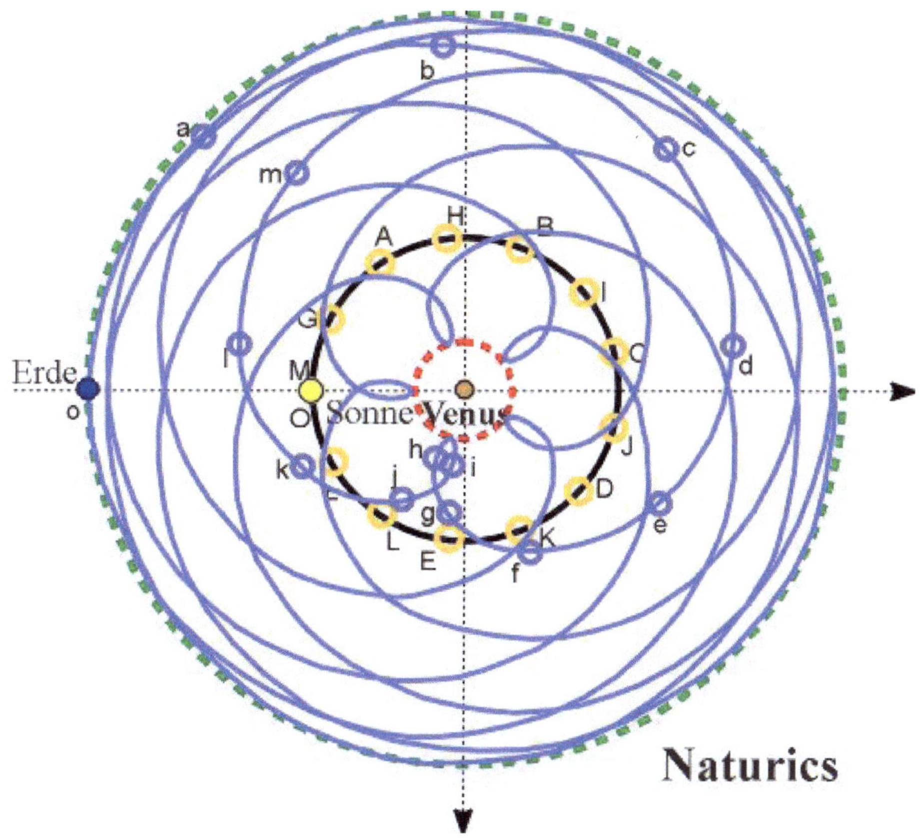

Die Sonne kreist (auf dem schwarzen Orbit) um die Venus. Dabei bleibt auch die Entfernung Erde-Sonne (in der Skala der Zeichnung) konstant. Vergleiche dazu die Entfernungen der Paare der Punkte a-A, b-B, c-C, usw. Binnen (knapp) acht Jahren kommt die Erde der Venus fünf Mal ganz nahe (auf unter 0.3 AU). Und auch fünf Mal entfernt sie sich von ihr auf etwa 1.7 AU, um die Sonne zwischen sich und der Venus durchlaufen zu lassen.

41

3. Kurze Geschichte der Menschheit

Dem Beginn der laufenden Periode des Zyklus 9 folgten, laut der Universellen Zeitskala, die aufeinander-folgenden Ereignisse der Stufe 8, mit einem Abstand von 295.201 MJ. Diese Perioden der Stufe 8 führten also zu den folgenden theoretischen "Schritten" der Erdgeschichte[2]. Sie starteten, der Reihe nach, vor:

- 3506.673 MJ[3]; Archäisches Äon; Phylum *Vertebrata* erschien;
- 3211.472 MJ;
- 2916.271 MJ;
- 2621.070 MJ; Proterozoikum Äon;
- 2325.869 MJ;
- 2030.668 MJ;
- 1735.467 MJ;
- 1440.266 MJ;
- 1145.065 MJ;
- 849.864 MJ;
- 554.663 MJ; Paläozoikum;
- 259.462 MJ; Mesozoikum.

Das traditionell festgelegte Ende des Mesozoikums liegt 64.975 Millionen Jahre zurück und wurde durch das kosmische Ereignis der Stufe 7 verursacht, das angeblich mit dem endgültigen Aussterben der Dinosaurier einher ging. Das gegenwärtig laufende Känozoikum gehört jedoch zur gleichen, noch laufenden Periode der Stufe 8 der Kosmischen Hierarchie. Sie wird in 35.739 MJ (= 295.201-

---

2 Beachten Sie, dass wir zwar die traditionellen geologischen Bezeichnungen für die verschiedenen Perioden der Erdgeschichte übernehmen, aber ihre rein theoretischen "Eckpunkte" berechnen, unabhängig von den traditionellen Beobachtungsdaten einer oder anderen Gruppe der Geologen. Die sichtbare Nähe aller theoretischen Punkte zu den Beobachtungsdaten bestätigt die universelle Anwendbarkeit unserer Universalen Zeitskala.

3 hier kürzen wir die Beschreibung der Einheit Millionen Jahren zu MJ ab.

259.462 MJ) enden, und die gesamte Periode des Zyklus 9 endet in 77.897 MJ (= 3584.559 - 3506.673 MJ).

Schauen wir nun eine Stufe tiefer, in zwei jüngere Perioden der Stufe 8. Alle Perioden der Stufe 7 mit ihrer Dauer von 24.3109 MJ (*vgl. erneut Tabelle I*) des Paläozoikums haben begonnen vor:

- 554.663 MJ; Kambrium;
- 530.352 MJ;
- 506.041 MJ; Ordovizium;
- 481.731 MJ;
- 457.420 MJ;
- 433.109 MJ; Silur;
- 408.798 MJ; Devon;
- 384.487 MJ;
- 360.176 MJ; Karbon;
- 335.865 MJ;
- 311.554 MJ;
- 287.241 MJ; Perm;
- 262.932 MJ.

Die Perioden der Stufe 7 des Mesozoikums und des Känozoikums haben begonnen vor:

- 259.462 MJ; Trias; Klassen der *Dinosaurier* und der *Säugetiere*;
- 235.151 MJ;
- 210.840 MJ; Jura;
- 186.530 MJ;
- 162.219 MJ;
- 137.908 MJ; Kreidezeit;

- 113.597 MJ;
- 89.286 MJ;
- 64.975 MJ; Känozoikum; Tertiär-Paleogen;
- 40.664 MJ;
- 16.353 MJ; Tertiär-Neogen; Ordnung *Primaten* erschien.

Betrachten wir nun die Unterperioden der gegenwärtigen (noch nicht abgeschlossenen) Stufe 7, die traditionell als Tertiär-Neogen bezeichnet wird. Es ist die Lebensperiode unserer eigenen Ordnung *Primaten*. Sie endet in 7.958 MJ. Die Perioden der Stufe 6 (mit ihrer Länge von 2.00209 MJ), die Ordnung der *Primaten* in aufeinander folgende Organismenfamilien aufteilten, begannen vor:

16.3532 MJ; Ordnung *Primaten;* erste Familie dieser Ordnung (vielleicht *Ramapithecus*) erschien;
14.3511 MJ; nächste (nicht identifizierte) Familie dieser Ordnung;
12.3490 MJ; - " -;
10.3469 MJ; - " -;
8.3448 MJ; - " -;
6.3427 MJ; - " -;
4.3407 MJ; erschien die Familie *Australopithecus;*
2.3386 MJ; Quartär; Unteres Pleistozän; Auftreten der Familie *Homo erectus*;
0.3365 MJ; Mittleres Pleistozän; Auftreten der Familie *Homo sapiens*.

Als Nächstes wollen wir noch eine Ebene tiefer blicken, in die gegenwärtige Periode der Stufe 6. Diese Periode, die traditionell als Pleistozän bezeichnet wird, endet in 1.6656 MJ. Während dieses noch recht jungen Zeitraums hat unsere Familie *Homo sapiens* begonnen sich in aufeinander folgende Gattungen aufzuspalten. Die entsprechenden bisherigen drei Perioden der Stufe 5 (mit ihrer Dauer von 164878 Jahren) haben begonnen vor:
336500 Jahren; Gattung *Homo sapiens Heidelbergensis*[4] ;

---

4 Der Name *Homo sapiens Heidelbergensis wird* hier stellvertretend für alle Gattungen unserer Familie *Homo Sapiens* verwendet, die zwischen 337 TJ und 172 TJ vor unserer Zeitrechnung lebten.

171622 Jahren; Oberpleistozän; Gattung *Homo sapiens Neanderthalensis;*

6743 Jahren; Holozän; Urheber der "Sintflut"; Gattung *Homo sapiens Sapiens.* Dieser Zeitraum unserer Gattung endet in 158132 Jahren.

Beachten Sie hier eine der aufregendsten (und wichtigsten) Entdeckungen der Einheitlichen Physik:

> Unsere eigene Gattung *Homo sapiens Sapiens* kann nicht früher als vor 6743 Jahren entstanden sein.

Folglich kann auch unsere eigene Spezies, die heute die gesamte Erde bevölkert, nicht älter als 6743 Jahre sein (wenn wir jetzt das Jahr 2023 haben). Alle genealogischen Klassifizierungen müssen diese neue Erkenntnis einbeziehen. Diesem jüngsten kosmischen Quantensprung der Stufe 5 folgten sehr wahrscheinlich weltweite "Überschwemmungen" auf der Erde. Das daraus resultierende Massenaussterben (der letzten, zum Teil gigantischen Neandertaler, und der sogenannten "großen Fauna") ist in unseren Tagen noch nicht abgeschlossen; wir sind die erste Spezies der Überlebenden dieses jüngsten Sprungs, ohne natürliche Garantie auf eine weitere Evolution. Glücklicherweise scheint unser Schicksal heute mehr in unseren eigenen Händen zu liegen als bei allen früheren regelmäßigen Ereignissen der Kosmischen Hierarchie. Ich frage mich, ob wir bereits klug und erfahren genug sind, um die Verantwortung für die zukünftige Entwicklung unseres blauen Planeten in unsere eigenen Hände (und Gehirne) zu übernehmen? Die hier vorgestellte Kosmische Zeitskala stellt diese außergewöhnliche Aufgabe in die richtige Perspektive von Jahrhunderten und Jahrtausenden.

Betrachten wir abschließend den jüngsten kosmischen Quantensprung der Stufe 5, der die direkte Evolution unserer eigenen Gattung *Homo sapiens Sapiens* aus der Gattung *Homo sapiens Neanderthalensis* ermöglichte. Es handelt sich um eine natürliche Verlängerung des Lebenszeitraums der Gattung der Neandertaler. Betrachten wir also die vorletzte Periode der Stufe 5, die Lebensspanne unserer direkten Vorgängergattung *Homo sapiens Neanderthalensis.* Die Zeiträume der Stufe 4 (mit einer Dauer von 13578.3 Jahren) dieser Periode (traditionell als Oberpleistozän bezeichnet) haben zwölf aufeinander folgende Spezies von Neandertaler hervorgebracht. Sie haben angefangen vor:

171622 Jahren; erste Spezies der Gattung *Homo sapiens Neanderthalensis;*
158044 Jahren; zweite solche Spezies;
144466 Jahren; nächste solche Spezies;
130887 Jahren; -"-;
117309 Jahren; -"-;
103731 Jahren; -"-;
90152 Jahren; -"-;
76574 Jahren; -"-;
62996 Jahren; -"-;
49417 Jahren; -"-; Barringer-Krater in Arizona entstanden;
35839 Jahren; -"-; Entstehung der Cro-Magnon-Kultur;
22261 Jahren; zwölfte Spezies der Gattung *Homo sapiens Neanderthalensis;*
        in unserer Chronologie der Einheitlichen Wissenschaft benannt als *Reguläre Atlanten;*
8682 Jahren; dreizehnte (nicht voll entwickelte) Spezies der Gattung *Homo sapiens*
        Neanderthalensis; in unserer Chronologie der Einheitlichen Wissenschaft als
        Evolutionäre Atlanten bezeichnet.

Betrachten wir nun die letzten 12 Tausend Jahre der Geschichte der Erde ganz genau. Schauen wir uns zunächst die gegenwärtige Periode der Stufe 4 an. Sie endet in 6835 Jahren. Die Perioden der Stufe 3 (mit ihrer Dauer von 1118.22 Jahren) haben begonnen:

- Vor 6743 Jahren *(4720 v.u.Z.):* Die erste Spezies unserer Gattung *Homo sapiens Sapiens* und die erste "große" Zivilisation unserer Spezies, die in unserer Chronologie der Einheitlichen Wissenschaft als Überlebende von Atlantis bezeichnet werden;
- Vor 5624 Jahren; *(3601 v.u.Z.);* die zweite "große" Zivilisation unserer Art (wie das Alte Ägypten);

- Vor 4508 Jahren; *(2483 v.u.Z.)*; die dritte "große" Zivilisation unserer Art (wie das Neue Ägypten);
- Vor 3390 Jahren; *(1365 v.u.Z.)*; die vierte "große" Zivilisation unserer Spezies (wie die Griechen);
- Vor 2297 Jahren; (*247 v.u.Z.*); die fünfte "große" Zivilisation unserer Spezies (wie die Römer);
- Vor 1153 Jahren (*872 u.Z.*); die sechste "große" Zivilisation unserer Spezies (wie die Mittelalterliche Zivilisation in Europa);
- vor 34 Jahren *(1989.8 u.Z.)*; die siebte "große" Zivilisation unserer Spezies (unsere *Erste Globale Zivilisation*). Sie endet theoretisch im Jahr 3108.

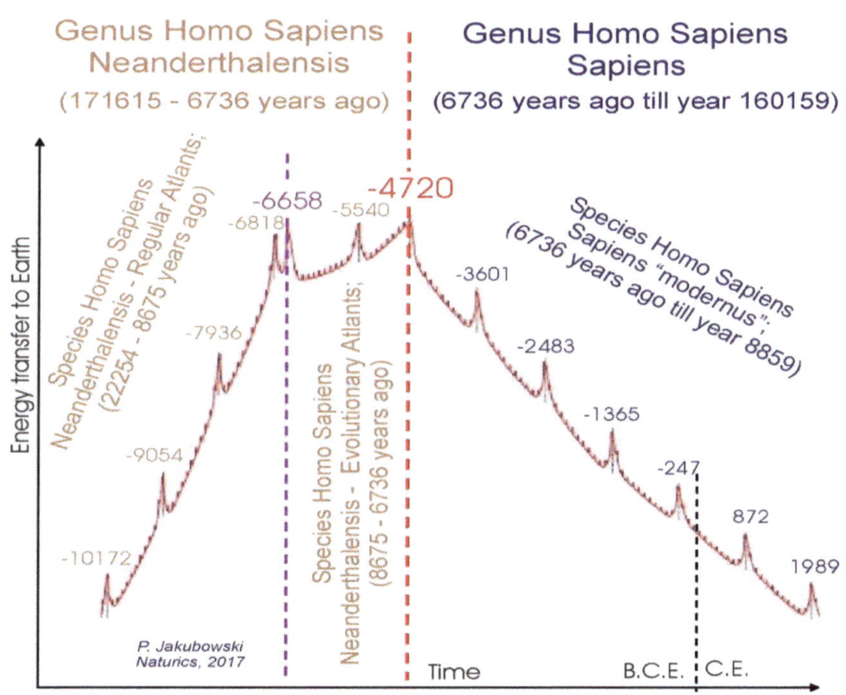

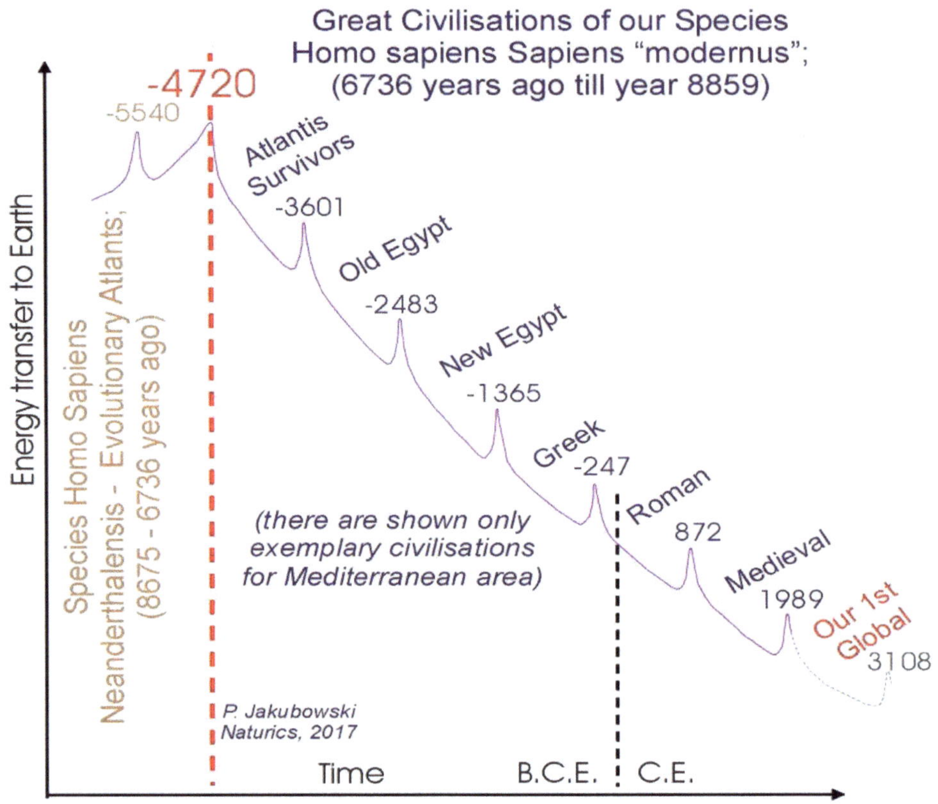

Beachten wir, dass unsere theoretischen "Schritte des Lebens" immer mit einer extremen Wärmeperiode beginnen und enden, die mit einem Quantensprung auf einer entsprechenden Stufe der Kosmischen Hierarchie verbunden ist. Die Abkühlung der Erdoberfläche folgt immer etwa in der Mitte der jeweiligen Periode. Dies könnte der Grund für einige kleine Unterschiede zwischen unseren theoretischen Zeitpunkten der Kosmischen Zeitskala und den traditionell verwendeten Beobachtungszeitpunkten sein, die von einer Kältezeit zur nächsten definiert werden.

4. Der kosmische Energietransfer zur Erde

Past Temperatures Directly
from the Greenland Ice Sheet
D. Dahl-Jensen,* K. Mosegaard, N. Gundestrup, G. D. Clow,
S. J. Johnsen, A. W. Hansen, N. Balling

9 OCTOBER 1998 VOL 282 SCIENCE www.sciencemag.org

pp. 268-271

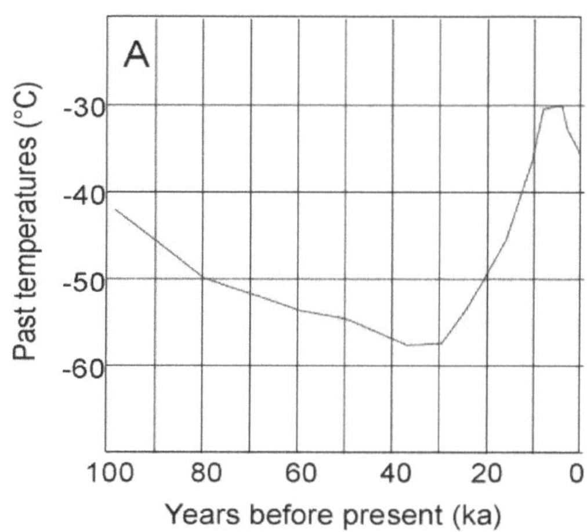

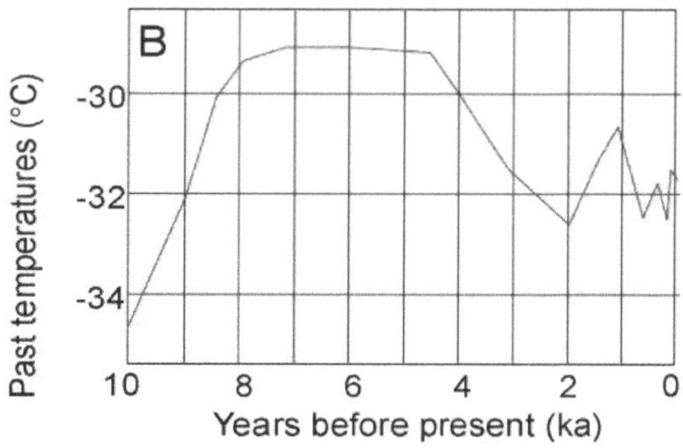

Die durchschnittliche globale Temperatur auf der Erde während der letzten hunderttausend Jahre lässt sich heute sehr zuverlässig aus der Gletscherforschung auf Grönland und in der Antarktis ermitteln. Die direkte Beobachtung der Eisschildstruktur auf Grönland, dem größten Gletscher der nördlichen Hemisphäre, liefert eines der eindrucksvollsten Beispiele für den qualitativen und quantitativen Korrektheitsbeweis unserer Vorstellung von den kosmischen Quantensprüngen. Die Ergebnisse dieser Beobachtung, die in dem oberen Diagramm in Anlehnung an die Arbeit von Dahl-Jensen et al. neu gezeichnet wurden (*vgl. die Überschrift der Abbildung*), zeigen den realen zuerst Abfall und dann Anstieg der auf die Erde übertragenen kosmischen Energie während der letzten Phase der letzten 100 000 Jahre der globalen Vergletscherung der nördlichen Hemisphäre. Teil B des Diagramms vergrößert die letzten 10 000 Jahre der Beobachtungen. Vergleichen wir diesen Teil B der Beobachtung mit unseren theoretischen Schätzungen in vorherigen Punkt 3, könnten wir den gesamten Energietransfer sogar direkt in die üblich diskutierten Temperaturänderungen umrechnen. Allerdings wurden diese Beobachtungen für einen einzigen Ort der Erdoberfläche (Grönland) gemacht, so dass die Werte sicher nicht global gültig sind. Außerdem wissen wir aus unserer Theorie, dass die Quantensprünge der Stufe 3 zehntausend-mal weniger energiereich sind als der direkt beobachtete Sprung der Stufe 5. Das ist der Grund, warum die Sprünge der Stufe 3 nicht auf dem Beobachtungsdiagramm von Dahl-Jensen et al. sichtbar gemacht werden konnten.

Man muss sich auch die Frage stellen, in welcher Form die Energie, von welcher wir hier reden, die Erde erreicht. Es sind auf keinen Fall irgendwelche masselose Teilchen, wie die traditionell betrachteten Photonen, weil die Einheitliche Physik solche Teilchen ohne Masse überhaupt nicht zulässt. Alle physikalischen Eigenschaften der realen Objekte sind eindeutig miteinander verbunden. Ein Null-Wert irgendwelcher Eigenschaft ist also reine Illusion, in der Natur nicht realisierbar. Die Energiequanten der kosmischen Energiebrücken, von denen wir hier reden und denken, sind im Fall der niedrigeren Stufen der Kosmischen Hierarchie wahrscheinlich nur Bereiche mit verdichtetem kosmischen Staub und Gas, aber im Falle der Stufen höheren als 3 sind das solche "Pakete" der Energie wie Asteroiden, Kometen, Sterne, Galaxien oder auch Galaxienhaufen. Der Shoemaker-Levy 9 Komet, der 1994 mit Jupiter kollidierte, war nur einer der Vorboten des sich intensivierenden Energietransfers zu unserem Sonnensystem.

5. Klimawandel als eine Änderung des Energietransfers zur Erde

Die Kosmische Hierarchie des Sonnensystems ist eine energetische Struktur des Universums, derer Energiedichte nicht isotrop ist. Das bedeutet, dass diese Energiedichte in einer bestimmten Gegend niemals identisch mit der Energiedichte in einer benachbarten Gegend ist. Diese Struktur ist auch ein dynamisches Gebilde, das heißt, ihre Elemente (Mitglieder) stehen niemals still; sie bewegen sich ständig relativ zu einander. Aus diesem Grund passieren ab und zu kosmische Einschläge auf verschiedene Objekte des Sonnensystems. Im Grunde genommen aber, es sind diese Objekte des Sonnensystems, die bei der "Wanderung" des Systems durch das Weltall andere Objekte rammen, sie beschädigen und dadurch auch selber Schäden erleiden. Abgesehen von solchen katastrophalen Begegnungen, die Energiedichte des Weltalls ist niemals isotrop, so dass die einzige beständige Eigenschaft des Energietransfers zur Erde ihre Unbeständigkeit ist. Genau das gleiche hat man bereits für das irdische Klima beobachtet. Das Klima ändert sich immer, bleibt niemals stabil über Jahre und Jahrzehnte. Das irdische Klima ändert sich genauso oft und genauso intensiv, wie sich auch die Energiedichte der Gegend ändert, durch die sich unsere Erde in jedem Moment bewegt.

Um das vergangene Klima der Erde zu rekonstruieren, oder auch für die Zukunft vorherzusagen, müssen wir nur unsere Spur im Weltall in dem gewünschten Zeitabschnitt beobachten, und alle wichtigsten Faktoren, welche die Energiedichte dieser Gegend beeinflussen, zusammen rechnen. Das ist unsere Aufgabe im nächsten Teil dieses Buches.

Teil 2

Die komplette Berechnung der relativen Änderungen des Transfers der kosmischen Energie zur Erde

*Der aktuelle Klimawandel ist eine Tatsache. Der Klimawandel zu jeder Zeit ist eine Tatsache. Muss man deswegen von einer Krise sprechen? Eigentlich sollten wir daran gewöhnt sein. Was bringt uns die Deklaration, der aktuelle Klimawandel wäre die schlimmste Katastrophe, die uns Menschen in diesem Jahrtausend getroffen hat? Eigentlich, nicht viel. Nur die Verunsicherung der meisten Menschen, die keine Möglichkeit haben eine unabhängige Abschätzung der Lage zu finden. Aber diese Verunsicherung kann man noch weiter in eine Angst, ja sogar blanke Panik steigern lassen, wenn man den Menschen noch einredet, sie seien selber an dieser Katastrophe schuldig. Dann werden keine Methoden, und vor allem keine Gelder gescheut, um etwas dagegen zu unternehmen. Ob man Öl, Gas, Kohle, oder Waffen verkauft, in der Krise kann man alles viel leichter verkaufen. Die verunsicherten Menschen dulden das. Um den Zustand der Verunsicherung zu befestigen, sammelt man Tausende von "Experten", die einen Konsens vortäuschen und die Echtheit der Krise bestätigen. Man beruft sich an die überwältigende Mehrheit der Beteiligten, denen man die größten Computer der Welt zur Verfügung stellt, und die (erstaunlicherweise nur) zu dem vorgeschriebenen Ergebnis kommen müssen. Man behauptet, nur diese Mehrheit liefert die **"fundierten Argumente und Forschungsergebnisse zum Klima der Erde"**. In diesem Kapitel dieses Buches liefern wir solche Ergebnisse, die jeder ganz einfach, mit Hilfe eines Heimlaptops, nachvollziehen kann. Das Problem nur, die Ergebnisse zeigen eindeutig, es gibt keine Klimakrise! Nur einen natürlichen, periodischen Klimawandel. Und was nun?*

Kapitel 3

Das *Naturics*-Model der Änderungen des globalen Klimas

1. Die Idee

Das Universum ist quantisiert. Alle Mitglieder der Kosmischen Hierarchie des Sonnensystems sind an den relativen Bewegungen zueinander beteiligt. Die Erde ist nur einer dieser Mitglieder. Was wir also zu tun haben, um die Änderungen des Erdklimas zu berechnen? Wir müssen die wichtigsten anderen Mitglieder der Kosmischen Hierarchie identifizieren, die auf die Änderungen der Energiedichte in der Gegend des Weltalls Einfluss haben, durch welche die Erde in bestimmten Zeitabschnitt durch muss. Die Idee der Quantisierung der einzelnen Umlaufbahnen der ausgewählten kosmischen Objekte hilft uns dabei insofern, wie sie uns auch bei Berechnungen der Energie der einzelnen Elektronen in den Atomen und Molekülen hilft. Alle Elektronen eines Atoms oder Moleküls liefern den gleichen Beitrag, zum Beispiel, zu der Gesamtladung des Atoms oder Moleküls, unabhängig von der Ausdehnung deren Orbits. In diesem Sinne identifizieren wir auch jetzt die wichtigen nahen und fernen Nachbarn der Erde und versuchen zu berechnen, wie sich die gesamte Änderung der Energiedichte um die Erde mit der Zeit gestalten kann.

Dazu benutze ich mein Laptop, mit dem Tabellenkalkulationsprogramm "LibreOffice Calc", und meine Definitionen der Kosmischen Hierarchie des Sonnensystems (*Tabelle I*). Mehr brauche ich nicht, um meine **fundierten Argumente und Forschungsergebnisse zum Klima der Erde zu liefern.**

2. Demonstration der Berechnung: die ersten Schritte

Der erste Schritt zu der Berechnung war die Entscheidung zu der Länge des Zeitabschnitts, für welchen ich die Berechnungen durchführen wollte. Für meinen ersten dazu tauglichen Computer in den 90er Jahren habe ich die Länge von 200 Sonnenzyklen (von -130 bis +70), also von 2162.5 (= 200 * 10.81254) Jahren ausgewählt.

Der zweite Schritt war die Entscheidung, welche kosmischen Perioden zu den kosmischen Objekten gehören, die den Energiefluss zur Erde am stärksten beeinflussen können. Es war für mich offensichtlich, dass den stärksten Einfluss der Jupiter (mit seiner idealen Periode von 10.81254 Jahren) haben müsste; nicht weil er der Sonne am nächsten von den "Influenzern" ist, sonder weil er der ehemalige Kern des stellaren Begleiters der Sonne, des Andrea-Sterns, ist. Dann kommt der Saturn, der die heutigen Bewegungen des Jupiters maßgebend beeinflusst. Danach kommt die restliche Masse des Andrea-Sterns, die ich heute als den Dunklen Begleiter (*eng. Dark Companion*) bezeichne. Damit verlassen wir das heutige Sonnensystem und gehen zu der Kosmischen Hierarchie (*vergl. Tabelle I*) über. Die theoretische Periode der Stufe 2, mit der Dauer von 92.0896 Jahren, liegt noch unter der des Dunklen Begleiters, die wir wiederum aus der Bewegung des Pluto um sie kennen (247.19 Jahren). Als die längste Periode, die wir noch berücksichtigen, dient die Periode der Stufe 3 der Kosmischen Hierarchie (mit ihrer Länge von 1118.228 Jahren), welche ich damals die Orion Mini-Galaxis genannt habe (daher die Abkürzung OLMG für sie).

Der dritte Schritt vor der Berechnung war das Festlegen des Beginn-Jahres für alle diese Perioden. Die Methode der Berechnung hat sich seit meinem ersten Versuch nicht geändert. Das Anfangsjahr der Periode der Stufe 3 habe ich jedoch den späteren Überlegungen und Entdeckungen angepasst, so das er heute den Kosmischen Sprüngen aus unserer Universalen Zeitskala (*vergl. Kapitel 2.3*) gleicht. Der Rest der Berechnung macht schon der Computer alleine, und zwar binnen Sekunden und genau nach den Instruktionen, die wir im nächsten Punkt in der Tabelle II zusammenstellen.

3. Demonstration der Berechnung: die genauen Instruktionen

Tabelle II. Instruktionen zur Berechnung des globalen Energietransfers laut des *Naturics*-Modells zwischen den Jahren 347 und 2569

Kolumne		Anfangs-wert	Status	Funktion zur Berechnung[5]	Nachfolge Operation	Note
Name	Beschrei-bung					
A	Nr	A8= -1040	set	A9 = A8+1	Ausfüllen nach unten	a
B	Year	B8= 347,130	set	B9 = B8+1,3515675	Ausfüllen nach unten	b
C	Jupiter	C8= 347,794	set	C9 = WENN(ABS(C8-B9)<= 5,40627;C8;C8+10,81254)	Ausfüllen nach unten	c
D	Saturn	D8= 339,510	set	D9 = WENN(ABS(D8-B9)<= 14,729;D8;D8+29,458)	Ausfüllen nach unten	d
E	LGS	E8= 305,94	set	E9 = WENN(ABS(E8-B9)<= 46,0448;E8;E8+92,0896)	Ausfüllen nach unten	e
F	DC	F8= 258,670	set	F9 = WENN(ABS(F8-B9)<= 123,595;F8;F8+247,19)	Ausfüllen nach unten	f
G	OLMG	G8= 871,62	set	G9 = WENN(ABS(G8-B9)<= 559,114;G8;G8+1118,228)	Ausfüllen nach unten	g
H	Jup-M.	H8= 0,8772	calc.	H8 = 1-ABS((C8-B8)/5,40627)	Ausfüllen nach unten	h
I	Sat-M.	I8= 0,4827	calc.	I8 = 1-ABS((D8-B8)/14,729)	Ausfüllen nach unten	i
J	LGS-M.	J8=	calc.	J8 = 1-ABS((E8-B8)/46,0448)	Ausfüllen	j

---

5   Ich benutzte LibreOffice Calculation Programm.

		0,3373			nach unten	
K	DC-M.	K8= 0,2843	calc.	K8 = 1-ABS((F8-B8)/123,595)	Ausfüllen nach unten	k
L	OL-M.	L8= 0,2075	calc.	L8 = 1-ABS((G8-B8)/559,114)	Ausfüllen nach unten	l
M	Total	M8= 2,1889	calc.	M8 = H8+I8+J8+K8+L8	Ausfüllen nach unten	m
N	Scale	N8= 4,518	calc.	N8 = MAX(M8:M1652)	N9 = N8; Ausfüllen nach unten	n
O	Cycle	O8= -130,00	calc.	O8 = A8/8	O9 = A9/8; Ausfüllen nach unten	o
P	Year	P8= 347	set	P8 = B8	Ausfüllen nach unten	p
Q	Rel.	Q8= 48,4	calc.	Q8 = 100*M8/N8	Ausfüllen nach unten	q
R	Aver.	R8= 34,6	calc.	R8 = SUMME(Q4:Q12)/9	Ausfüllen nach unten	r

Bemerkungen:

a) Der Start-Wert wurde so gewählt, dass wir mit 8 Schritten pro Zyklus in diesem Jahr beginnen, wenn der Jupiter-Sonne Zyklus seinen gewählten Wert von -130 erreicht hat (-130*8 = -1040).

b) Der beobachtete Zyklus Nummer 20 der Sonnenflecken erreichte sein Maximum um Neues Jahr 1969. Ich habe diesen Zeitpunkt auch als Startpunkt des 20. Naturics Zyklus von Jupiter-Sonne angenommen. Gehend von diesem Punkt 150 Male um die theoretische Länge meines Zyklus von 10.81254 Jahren in die Vergangenheit, erreichte ich für den theoretischen Start für den Zyklus -130 das Jahr 347.13; die Länge eines Schrittes der Berechnung ist: 1,3515675 = 10.81254/8.

c) Ein der beiden Enden jedes nächsten Jupiter-Sonne Zyklus wird ausgewählt, je nach dem zu welchen von den beiden haben wir die kleinere Zeitdifferenz des laufenden Jahres der Kalkulation.

Auf diese Weise verschiebt sich periodisch der Zeitpunkt des Einflusses des Jupiters auf den zu berechnenden Energietransfer.

d) Saturn moduliert die Wechselwirkung zwischen Jupiter und Sonne durch seine eigene Bewegung um das Zentrum der Masse in Venus. Ich habe angenommen, dass diese Modulation mit der Periode der Bewegung des Saturn selbst erfolgt.

e) Die Lokale Gruppe der sich zusammen bewegenden Sterne wirkt auf den Energietransfer zu dem Sonnensystem ähnlich, wie der Jupiter selbst.

f) Die totale Masse des Rests der Andrea-Sterns im Kuiperschen Gürtel moduliert die energetischen Ereignisse im Sonnensystems immer noch, wie vor dem Zerstörung des Andrea-Sterns. Die Quanten-Bewegung ist die gleiche, obwohl das Quanten-Objekt etwas "abgespeckt" wurde. Seine Periode ist uns Bekannt aus der Bewegung des kleinen Pluto, der das Zentrum des Dunklen Begleiters (auf einer senkrechten Bahn) in der gleichen Zeit umkreist, in welcher er auch die Venus (auf einer waagerechten Bahn) umkreist.

g) Für unsere Berechnung auf der mittellangen Skala müssen wir auch die Stufe 3 der Kosmischen Hierarchie berücksichtigen.

h-l) In der Tradition der atomaren Rechnungen, nehmen wir an, dass der Beitrag jedes der Körper aufgezählten in Punkten C, D, E, F,und G der gleiche ist.

m) Wir summieren alle Beiträge.

n) Wir suchen den maximalen Wert aller einzelnen Beiträge.

o-p) Die genaue Zahl des Zyklus und des aktuellen Jahres ist hilfreich bei der Produktion von Diagrammen, die den Verlauf der relativen Änderung des Energietransfers veranschaulichen.

q) Der finale Beitrag der fünf Modulators der Energie, die das Sonnensystem in den analysierten 2200 Jahren erreichte, in der Relation zu dem maximalen Wert aus dem Punkt n.

r) Die Werte aus der Reihe q gemittelt durch einen ganzen Zyklus von 10.81254 Jahren (oder neun Schritte der Kalkulation).

4. Demonstration der Berechnung: die detaillierten Schritte

Wir zeigen nur die erste und die letzte Seite des Verlaufs der ganzen Berechnung. Da sie zu breit für die Seite des Buches wären, teile ich jede von ihnen auf die linke Hälfte (Seite a) und die rechte Hälfte (Seite b) auf. Zwischen der ersten und der 55-ten Seite ändert sich fast nichts, was wichtig wäre. Nur eine Bemerkung ist allerdings doch wichtig, damit man eine eventuelle "Nachberechnung" richtig machen kann.

Die Kosmische Hierarchie des Sonnensystems, die aus ihr resultierende Kosmische Zeitskala und die darauf aufgebaute Kosmische Uhr, haben wir im Kapitel 1 vorgestellt. Das schlagen einer bestimmten "Stunde" dieser Uhr ist physikalisch gleichzusetzen mit dem Übergang der Erde (mit dem gesamten Sonnensystem) durch ein Bereich des Universums, in dem die Energiedichte deutlich aufsteigt. Diesen Aufstieg "empfindet" die Erde als entsprechend intensive Einschläge der kosmischen Objekte auf ihre Oberfläche. Diese Objekte gehören der jeweils entsprechenden Energiebrücke, welche die zwei in der Kosmischen Hierarchie benachbarten Mitglieder miteinander verbindet. Diese Ereignisse bedeuten, dass das "Schlagen einer Stunde" der bestimmten Stufe der Kosmischen Hierarchie alle Zeiger der Uhr der niedrigeren Stufen auch auf 0 setzt. Anders gesagt: Das Zählen der Dauer der niedrigeren Perioden beginnt in diesem Moment von neuem. Genau diesen Effekt des "Reset" der niedrigeren Stufen müssen wir in unserem (relativ einfachen) Programm sozusagen "von Hand" übernehmen.

In unserem jetzigen Beispiel der Berechnung haben wir nur die Stufe 3 (Orion - OLMG-Stufe) und die Stufe 2 (Lokale Gruppe der Sternen - LGS) der Kosmischen Hierarchie direkt in unsere Berechnungen einbezogen. Deswegen, jedes Mal, wenn die laufende Zeit der Rekonstruktion eine entsprechende Stunde der Stufe 3 erreicht, müssen wir auch den Verlauf der niedrigeren Stufe 2 auf die gleiche "kosmische" Zeit setzen, was sich wie eine kleine Verschiebung dieser Zeit der Stufe 2 auswirkt. Die einzigen zwei Momente, wo diese "Verschiebung" notwendig ist, zeigen die zwei Screenshots hier unten. Dabei muss man auch noch daran denken, die entsprechenden Spalten der

Berechnung, die von der Verschiebung betroffen sind (also die Spalten J, L, M, Q und R neu nach unten ausfüllen).

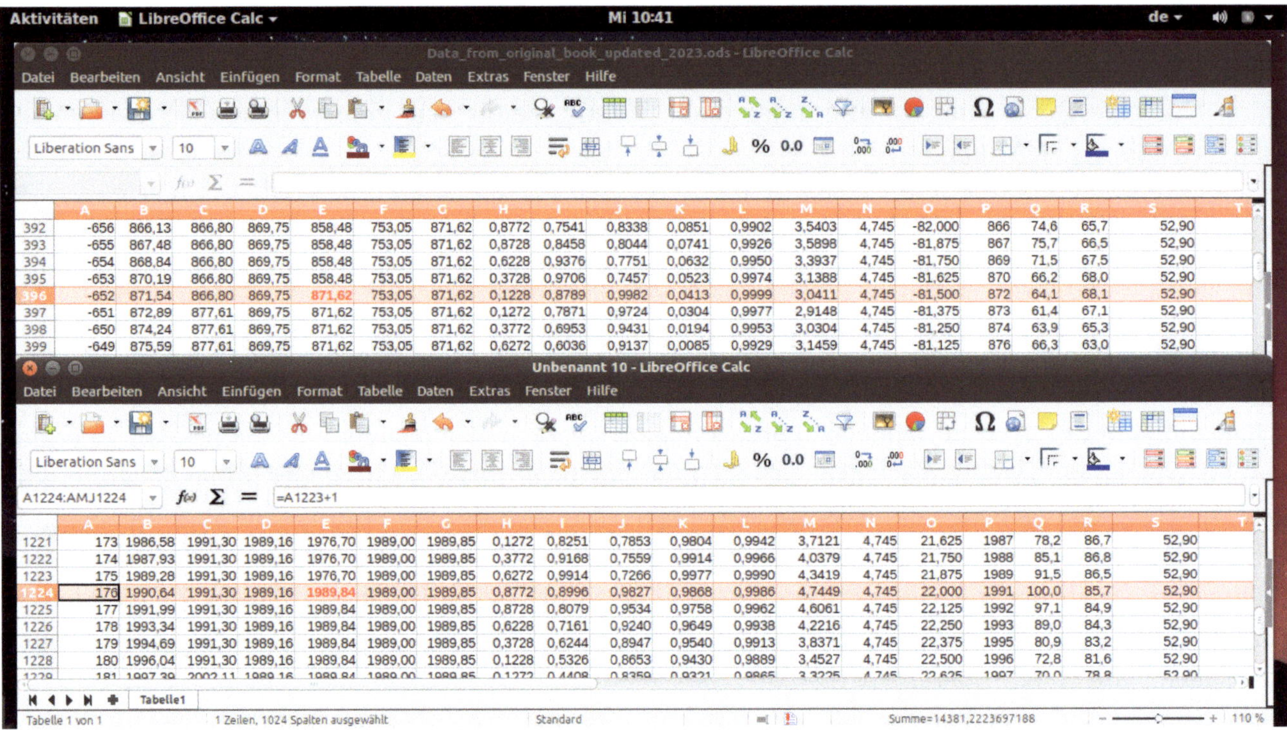

	A	B	C	D	E	F	G	H	I	J	K	L	M	N	O	P	Q	R	S
392	-656	866,13	866,80	869,75	858,48	753,05	871,62	0,8772	0,7541	0,8338	0,0851	0,9902	3,5403	4,745	-82,000	866	74,6	65,7	52,90
393	-655	867,48	866,80	869,75	858,48	753,05	871,62	0,8728	0,8458	0,8044	0,0741	0,9926	3,5898	4,745	-81,875	867	75,7	66,5	52,90
394	-654	868,84	866,80	869,75	858,48	753,05	871,62	0,6228	0,9376	0,7751	0,0632	0,9950	3,3937	4,745	-81,750	869	71,5	67,5	52,90
395	-653	870,19	866,80	869,75	858,48	753,05	871,62	0,3728	0,9706	0,7457	0,0523	0,9974	3,1388	4,745	-81,625	870	66,2	68,0	52,90
396	-652	871,54	866,80	869,75	871,62	753,05	871,62	0,1228	0,8789	0,9982	0,0413	0,9999	3,0411	4,745	-81,500	872	64,1	68,1	52,90
397	-651	872,89	877,61	869,75	871,62	753,05	871,62	0,1272	0,7871	0,9724	0,0304	0,9977	2,9148	4,745	-81,375	873	61,4	67,1	52,90
398	-650	874,24	877,61	869,75	871,62	753,05	871,62	0,3772	0,6953	0,9431	0,0194	0,9953	3,0304	4,745	-81,250	874	63,9	65,3	52,90
399	-649	875,59	877,61	869,75	871,62	753,05	871,62	0,6272	0,6036	0,9137	0,0085	0,9929	3,1459	4,745	-81,125	876	66,3	63,0	52,90

A1224:AMJ1224   =A1223+1

	A	B	C	D	E	F	G	H	I	J	K	L	M	N	O	P	Q	R	S
1221	173	1986,58	1991,30	1989,16	1976,70	1989,00	1989,85	0,1272	0,8251	0,7853	0,9804	0,9942	3,7121	4,745	21,625	1987	78,2	86,7	52,90
1222	174	1987,93	1991,30	1989,16	1976,70	1989,00	1989,85	0,3772	0,9168	0,7559	0,9914	0,9966	4,0379	4,745	21,750	1988	85,1	86,8	52,90
1223	175	1989,28	1991,30	1989,16	1976,70	1989,00	1989,85	0,6272	0,9914	0,7266	0,9977	0,9990	4,3419	4,745	21,875	1989	91,5	86,5	52,90
1224	176	1990,64	1991,30	1989,16	1989,84	1989,00	1989,85	0,8772	0,8996	0,9827	0,9868	0,9986	4,7449	4,745	22,000	1991	100,0	85,7	52,90
1225	177	1991,99	1991,30	1989,16	1989,84	1989,00	1989,85	0,8728	0,8079	0,9534	0,9758	0,9962	4,6061	4,745	22,125	1992	97,1	84,9	52,90
1226	178	1993,34	1991,30	1989,16	1989,84	1989,00	1989,85	0,6228	0,7161	0,9240	0,9649	0,9938	4,2216	4,745	22,250	1993	89,0	84,3	52,90
1227	179	1994,69	1991,30	1989,16	1989,84	1989,00	1989,85	0,3728	0,6244	0,8947	0,9540	0,9913	3,8371	4,745	22,375	1995	80,9	83,2	52,90
1228	180	1996,04	1991,30	1989,16	1989,84	1989,00	1989,85	0,1228	0,5326	0,8653	0,9430	0,9889	3,4527	4,745	22,500	1996	72,8	81,6	52,90
1229	181	1997,39	2002,11	1989,16	1989,84	1989,00	1989,85	0,1272	0,4408	0,8359	0,9321	0,9865	3,3225	4,745	22,625	1997	70,0	78,8	52,90

Die Tabelle III unten zeigt die erste und die letzte Seite, abgeschrieben von der ganzen Tabellenkalkulation nach den oben besprochenen Instruktionen. Sie berechnet die relative Änderungen der Energie, welche die Erde in den angegebenen 2200 Jahren erreicht hat.

Tabelle III. Seite 1a

A	B	C	D	E	F	G	H	I
Nr	Year	Jupiter	Saturn	LGS	DC	OLMG	Jup-M.	Sat-M.
-1040	347,13	347,79	339,51	305,94	258,67	871,62	0,8772	0,4827
-1039	348,48	347,79	339,51	305,94	258,67	871,62	0,8728	0,3909
-1038	349,83	347,79	339,51	305,94	258,67	871,62	0,6228	0,2991
-1037	351,18	347,79	339,51	305,94	258,67	871,62	0,3728	0,2074
-1036	352,54	347,79	339,51	398,03	258,67	871,62	0,1228	0,1156
-1035	353,89	358,61	339,51	398,03	258,67	871,62	0,1272	0,0238
-1034	355,24	358,61	368,97	398,03	258,67	871,62	0,3772	0,0679
-1033	356,59	358,61	368,97	398,03	258,67	871,62	0,6272	0,1597
-1032	357,94	358,61	368,97	398,03	258,67	871,62	0,8772	0,2514
-1031	359,29	358,61	368,97	398,03	258,67	871,62	0,8728	0,3432
-1030	360,65	358,61	368,97	398,03	258,67	871,62	0,6228	0,4350
-1029	362,00	358,61	368,97	398,03	258,67	871,62	0,3728	0,5267
-1028	363,35	358,61	368,97	398,03	258,67	871,62	0,1228	0,6185
-1027	364,70	369,42	368,97	398,03	258,67	871,62	0,1272	0,7103
-1026	366,05	369,42	368,97	398,03	258,67	871,62	0,3772	0,8020
-1025	367,40	369,42	368,97	398,03	258,67	871,62	0,6272	0,8938
-1024	368,76	369,42	368,97	398,03	258,67	871,62	0,8772	0,9855
-1023	370,11	369,42	368,97	398,03	258,67	871,62	0,8728	0,9227
-1022	371,46	369,42	368,97	398,03	258,67	871,62	0,6228	0,8309
-1021	372,81	369,42	368,97	398,03	258,67	871,62	0,3728	0,7392
-1020	374,16	369,42	368,97	398,03	258,67	871,62	0,1228	0,6474
-1019	375,51	380,23	368,97	398,03	258,67	871,62	0,1272	0,5556
-1018	376,86	380,23	368,97	398,03	258,67	871,62	0,3772	0,4639

Tabelle III. Seite 1b

A	J	K	L	M	N	O	P	Q	R
Nr	LGS-M.	DC-M.	OL-M.	Total	Scale	Cycle	Year	Rel.	Aver.
								20,2	
								28,6	
								37,0	
								45,4	
-1040	0,1054	0,2843	0,0619	1,8100	4,745	-130,000	347	38,2	29,3
-1039	0,0761	0,2733	0,0643	1,6775	4,745	-129,875	348	35,4	28,2
-1038	0,0467	0,2624	0,0668	1,2978	4,745	-129,750	350	27,4	26,9
-1037	0,0174	0,2515	0,0692	0,9182	4,745	-129,625	351	19,4	25,5
-1036	0,0120	0,2405	0,0716	0,5625	4,745	-129,500	353	11,9	24,1
-1035	0,0413	0,2296	0,0740	0,4960	4,745	-129,375	354	10,5	23,7
-1034	0,0707	0,2187	0,0764	0,8109	4,745	-129,250	355	17,1	23,3
-1033	0,1000	0,2077	0,0788	1,1735	4,745	-129,125	357	24,7	23,5
-1032	0,1294	0,1968	0,0813	1,5361	4,745	-129,000	358	32,4	24,2
-1031	0,1587	0,1859	0,0837	1,6443	4,745	-128,875	359	34,7	26,0
-1030	0,1881	0,1749	0,0861	1,5069	4,745	-128,750	361	31,8	28,9
-1029	0,2175	0,1640	0,0885	1,3695	4,745	-128,625	362	28,9	31,8
-1028	0,2468	0,1530	0,0909	1,2321	4,745	-128,500	363	26,0	34,8
-1027	0,2762	0,1421	0,0934	1,3491	4,745	-128,375	365	28,4	36,8
-1026	0,3055	0,1312	0,0958	1,7117	4,745	-128,250	366	36,1	37,8
-1025	0,3349	0,1202	0,0982	2,0743	4,745	-128,125	367	43,7	38,4
-1024	0,3642	0,1093	0,1006	2,4369	4,745	-128,000	369	51,4	38,5
-1023	0,3936	0,0984	0,1030	2,3905	4,745	-127,875	370	50,4	38,8
-1022	0,4229	0,0874	0,1054	2,0696	4,745	-127,750	371	43,6	39,2
-1021	0,4523	0,0765	0,1079	1,7486	4,745	-127,625	373	36,9	39,3
-1020	0,4816	0,0656	0,1103	1,4277	4,745	-127,500	374	30,1	38,9
-1019	0,5110	0,0546	0,1127	1,3611	4,745	-127,375	376	28,7	37,4
-1018	0,5403	0,0437	0,1151	1,5402	4,745	-127,250	377	32,5	35,3

Tabelle III. Seite 55a

A	B	C	D	E	F	G	H	I
576	2531,26	2531,93	2519,40	2553,07	2483,38	3026,67	0,8772	0,1947
577	2532,61	2531,93	2519,40	2553,07	2483,38	3026,67	0,8728	0,1030
578	2533,97	2531,93	2519,40	2553,07	2483,38	3026,67	0,6228	0,0112
579	2535,32	2531,93	2548,86	2553,07	2483,38	3026,67	0,3728	0,0806
580	2536,67	2531,93	2548,86	2553,07	2483,38	3026,67	0,1228	0,1723
581	2538,02	2542,74	2548,86	2553,07	2483,38	3026,67	0,1272	0,2641
582	2539,37	2542,74	2548,86	2553,07	2483,38	3026,67	0,3772	0,3559
583	2540,72	2542,74	2548,86	2553,07	2483,38	3026,67	0,6272	0,4476
584	2542,08	2542,74	2548,86	2553,07	2483,38	3026,67	0,8772	0,5394
585	2543,43	2542,74	2548,86	2553,07	2483,38	3026,67	0,8728	0,6311
586	2544,78	2542,74	2548,86	2553,07	2483,38	3026,67	0,6228	0,7229
587	2546,13	2542,74	2548,86	2553,07	2483,38	3026,67	0,3728	0,8147
588	2547,48	2542,74	2548,86	2553,07	2483,38	3026,67	0,1228	0,9064
589	2548,83	2553,55	2548,86	2553,07	2483,38	3026,67	0,1272	0,9982
590	2550,19	2553,55	2548,86	2553,07	2483,38	3026,67	0,3772	0,9100
591	2551,54	2553,55	2548,86	2553,07	2483,38	3026,67	0,6272	0,8183
592	2552,89	2553,55	2548,86	2553,07	2483,38	3026,67	0,8772	0,7265
593	2554,24	2553,55	2548,86	2553,07	2483,38	3026,67	0,8728	0,6348
594	2555,59	2553,55	2548,86	2553,07	2483,38	3026,67	0,6228	0,5430
595	2556,94	2553,55	2548,86	2553,07	2483,38	3026,67	0,3728	0,4512
596	2558,29	2553,55	2548,86	2553,07	2483,38	3026,67	0,1228	0,3595
597	2559,65	2564,36	2548,86	2553,07	2483,38	3026,67	0,1272	0,2677
598	2561,00	2564,36	2548,86	2553,07	2483,38	3026,67	0,3772	0,1759
599	2562,35	2564,36	2548,86	2553,07	2483,38	3026,67	0,6272	0,0842
600	2563,70	2564,36	2578,32	2553,07	2483,38	3026,67	0,8772	0,0076
601	2565,05	2564,36	2578,32	2553,07	2483,38	3026,67	0,8728	0,0993
602	2566,40	2564,36	2578,32	2553,07	2483,38	3026,67	0,6228	0,1911
603	2567,76	2564,36	2578,32	2553,07	2483,38	3026,67	0,3728	0,2829
604	2569,11	2564,36	2578,32	2553,07	2483,38	3026,67	0,1228	0,3746

Tabelle III. Seite 55b

A	J	K	L	M	N	O	P	Q	R
576	0,5263	0,6126	0,1139	2,3248	4,518	72,000	2531	51,5	43,4
577	0,5557	0,6016	0,1164	2,2495	4,518	72,125	2533	49,8	43,2
578	0,5851	0,5907	0,1188	1,9285	4,518	72,250	2534	42,7	44,0
579	0,6144	0,5798	0,1212	1,7688	4,518	72,375	2535	39,1	45,2
580	0,6438	0,5688	0,1236	1,6314	4,518	72,500	2537	36,1	46,9
581	0,6731	0,5579	0,1260	1,7483	4,518	72,625	2538	38,7	48,4
582	0,7025	0,5470	0,1284	2,1109	4,518	72,750	2539	46,7	49,8
583	0,7318	0,5360	0,1309	2,4735	4,518	72,875	2541	54,7	51,6
584	0,7612	0,5251	0,1333	2,8361	4,518	73,000	2542	62,8	53,5
585	0,7905	0,5142	0,1357	2,9444	4,518	73,125	2543	65,2	56,0
586	0,8199	0,5032	0,1381	2,8070	4,518	73,250	2545	62,1	58,7
587	0,8492	0,4923	0,1405	2,6695	4,518	73,375	2546	59,1	60,9
588	0,8786	0,4814	0,1429	2,5321	4,518	73,500	2547	56,0	62,6
589	0,9079	0,4704	0,1454	2,6491	4,518	73,625	2549	58,6	63,2
590	0,9373	0,4595	0,1478	2,8318	4,518	73,750	2550	62,7	62,6
591	0,9666	0,4485	0,1502	3,0109	4,518	73,875	2552	66,6	61,3
592	0,9960	0,4376	0,1526	3,1899	4,518	74,000	2553	70,6	59,5
593	0,9746	0,4267	0,1550	3,0639	4,518	74,125	2554	67,8	57,7
594	0,9453	0,4157	0,1574	2,6843	4,518	74,250	2556	59,4	55,9
595	0,9159	0,4048	0,1599	2,3047	4,518	74,375	2557	51,0	54,0
596	0,8866	0,3939	0,1623	1,9250	4,518	74,500	2558	42,6	51,9
597	0,8572	0,3829	0,1647	1,7998	4,518	74,625	2560	39,8	49,5
598	0,8279	0,3720	0,1671	1,9201	4,518	74,750	2561	42,5	47,0
599	0,7985	0,3611	0,1695	2,0405	4,518	74,875	2562	45,2	44,9
600	0,7692	0,3501	0,1720	2,1760	4,518	75,000	2564	48,2	43,2
601	0,7398	0,3392	0,1744	2,2255	4,518	75,125	2565	49,3	37,0
602	0,7105	0,3283	0,1768	2,0294	4,518	75,250	2566	44,9	37,0
603	0,6811	0,3173	0,1792	1,8333	4,518	75,375	2568	40,6	37,0
604	0,6518	0,3064	0,1816	1,6372	4,518	75,500	2569	36,2	37,0

5. Das Resultat - die berechneten Diagramme der relativen Änderungen des Energietransfers zur Erde zwischen den Jahren 347 und 2510

Das benutzte Kalkulationsprogramm kann auch die gewünschten Diagramme aus den berechneten Werten erstellen; dabei dient die Spalte P der Tabelle II als Beschriftung der X-Achse. Hier unten sehen wir ein Diagramm, das die ersten fünf Jahrhunderte der berechneten 2200 Jahren überspannt, genauer die Jahre zwischen dem Jahr 347 und dem Jahr 888. Die rote Linie ist der Mittelwert der Spalte Q über einen ganzen Zyklus und die gelbe Linie ist der Mittelwert aller Werte der Spalte Q.

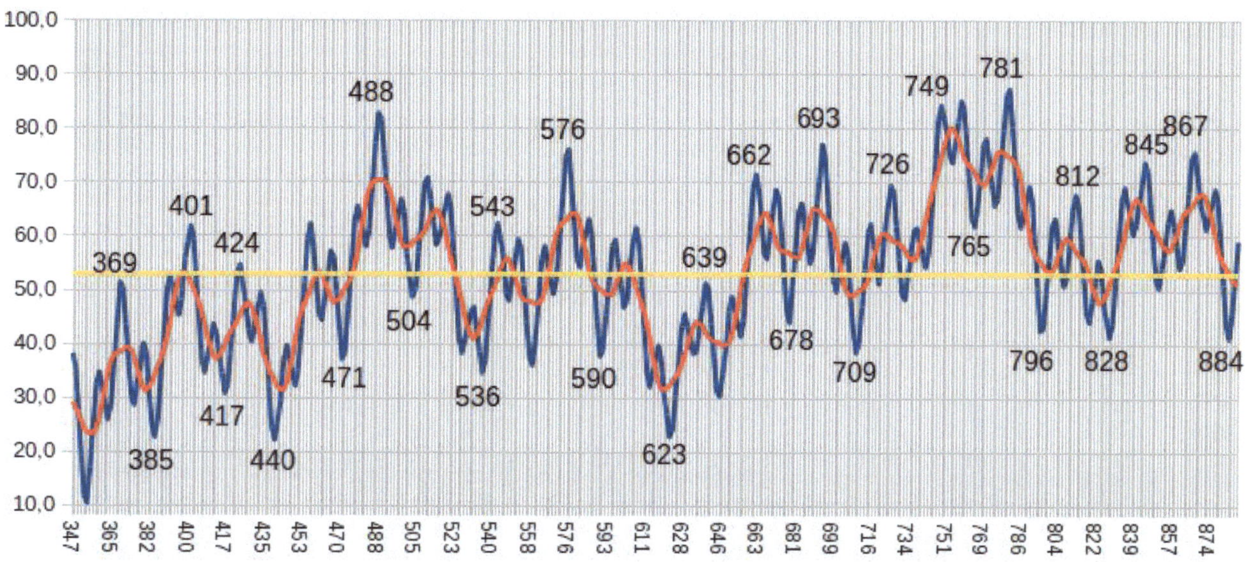

Das zweite, dritte und vierte Viertel der analysierten 2200 Jahren stellen die nachkommenden drei Abbildungen dar. Das zweite überspannt die Jahre 888 und 1428, das dritte - die Jahre 1428 und 1969, und das vierte - die Jahre von 1969 bis das Jahr 2510 in der Zukunft. Die blaue Linie zeigt die Berechnungen mit der Dichte von 8 Punkten für alle 10.9 Jahre (also über ein Jupiter-Sonne-Zyklus), die rote Linie - den durchschnittlichen Wert den jeweiligen Zyklus, und die gelbe Gerade - den Durchschnittswert über die ganze Periode von 200 solchen Zyklen.

899
931
963 986
1018
1050
1073
970
1003
1034
915
1089
1120
1136
1159
1176
1208
1223 1255
1272
1311 1342
1034
1358
1381
1397
1414
888 905 923 940 958 976 993 1011 1028 1046 1063 1081 1099 1116 1134 1151 1169 1186 1204 1222 1239 1257 1274 1292 1309 1327 1345 1362 1380 1397 1415

1445
1461
1493
1516
1500
1532
1547
1564
1580
1603
1619
1635 1666
1650
1699
1705
1738
1754
1769
1785
1801
1808
1824
1841
1857
1872
1904
1911 1943
1927
1960
1428 1446 1464 1481 1499 1516 1534 1551 1569 1587 1604 1622 1639 1657 1674 1692 1710 1727 1745 1762 1780 1797 1815 1833 1850 1868 1885 1903 1920 1938 1955

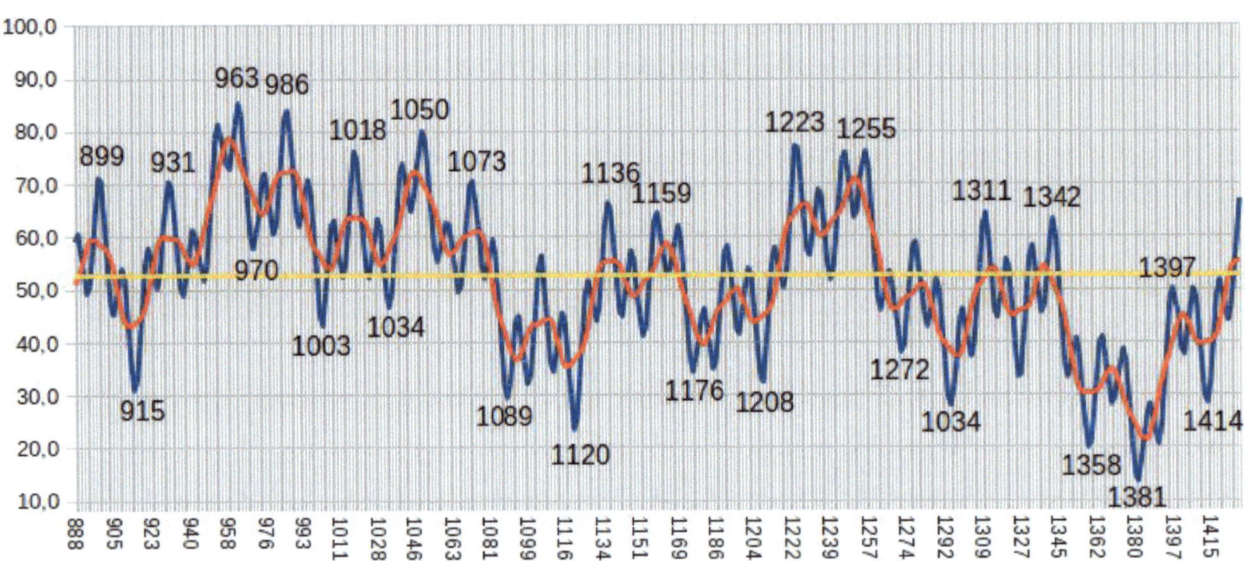

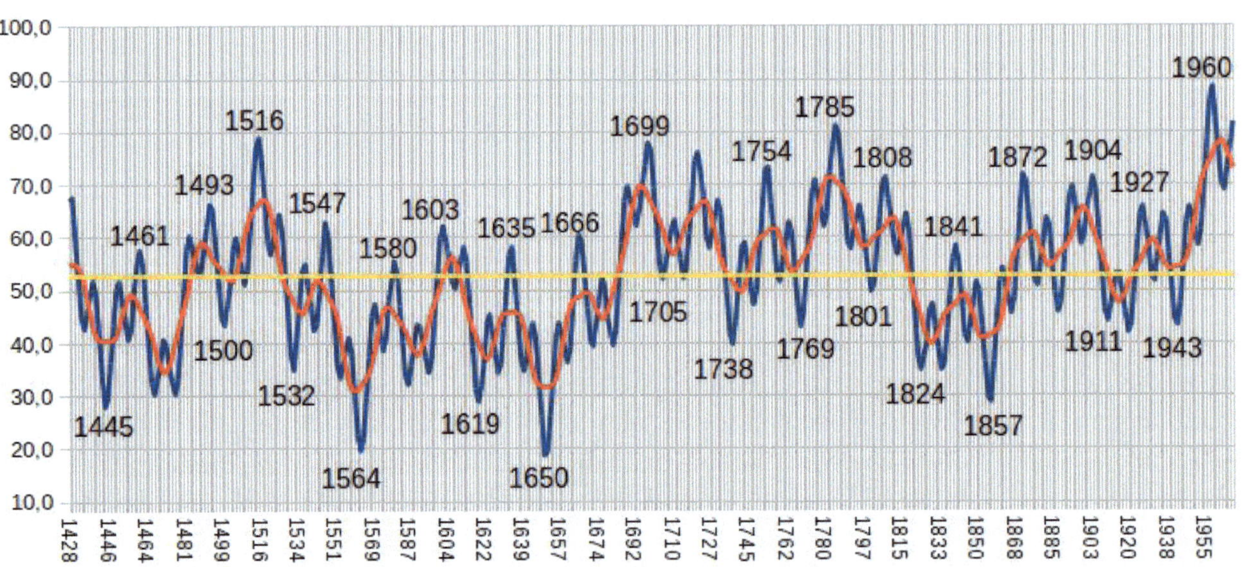

66

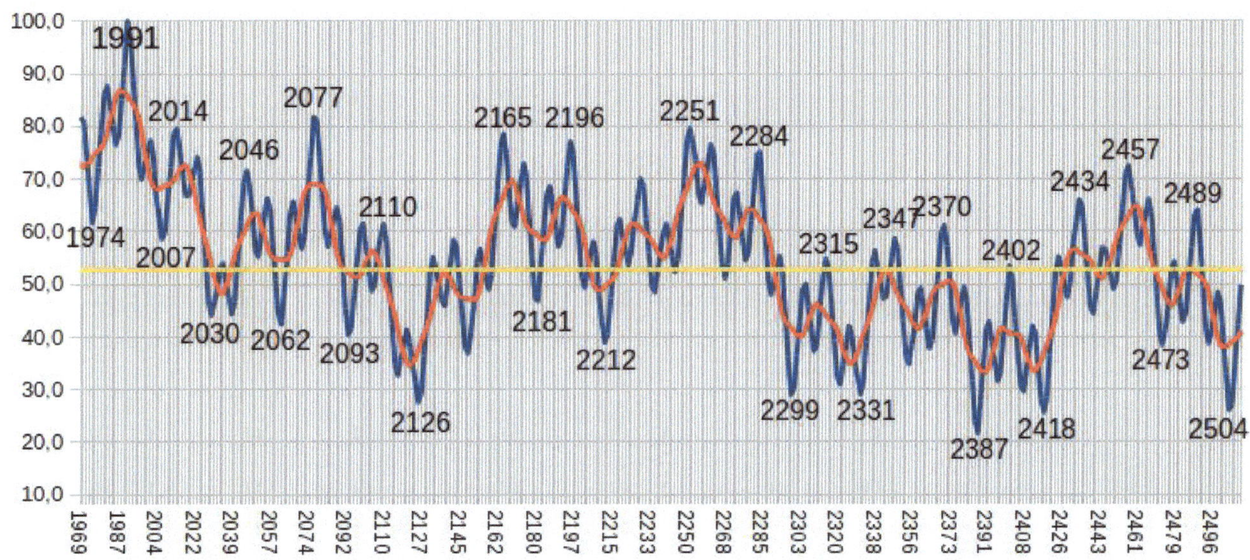

Die Genauigkeit dieser einfachen Methode der Berechnung der relativen Änderungen des Energietransfers, der die Erde in der Vergangenheit erreicht hat, besprechen wir in Teil 3 des Buches. Dort werden wir auch beschreiben, was wir aus dem vierten dieser Diagramme ablesen können, was die Zukunft des irdischen Klimas betrifft. Aber auch mit ungeübtem Auge sieht man allerdings sofort, dass das Maximum des 'modernen' Klimaoptimums bereits überschritten wurde, und wir uns eher auf eine globale Abkühlung, als auf eine weitere Erderwärmung vorbereiten müssen. Das wird weitreichende Folgen besonders für unsere weltweite Energiepolitik haben müssen.

Vorher aber zeigen wir noch zwei weitere praktische Beispiele der Berechnung. Einmal, für eine größere Genauigkeit, und das zweite Mal für nicht nur zwei, sondern für neun Jahrtausende, wobei wir auch die Änderung des Klimas auf der Erde während und nach dem letzten kosmischen Quantensprung der Stufe 5 (4720 Jahre vor Beginn unserer Zeitrechnung) beobachten können.

Kapitel 4

Die erhöhte Präzision der Berechnungen für die Jahrhunderte 20 und 21

1. Die Idee

Das von mir um das Jahr 1980 entdeckte Gesetz der energetisch ungestörter Bewegung der älteren Mitglieder eines jeden Quantensystems nach jedem neuen Zugang eines neuen Mitglieds dieses Systems suggeriert auch die Anwendung der Stufe 1 der Kosmischen Hierarchie, mit ihrer Periode von 7.5839 Jahren, wenn wir unsere Berechnungen etwas "verfeinern" möchten.

Das war die äußere Periode der vier terrestrischen Ur-Planeten des Ur-Sonnensystems, die heute die Grenze zwischen den inneren, Erde-ähnlichen und den neuen, äußeren "Gas-Planeten" des aktuellen Sonnensystems markiert. Dass sie energetisch immer noch aktiv ist, merken wir, zum Beispiel, an den biologisch-medizinischen Zyklen von 7 Jahren und 7 Monaten, mit denen sich jeder große Organismus (energetisch gesehen) zu entwickeln scheint. Deswegen, berechnen wir damit nicht nur die relativen Änderungen des irdischen Klimas. Wir testen damit auch, ob tatsächlich mit dieser Periode auch der Fluss der Energie, die tagtäglich das Innere des Sonnensystems erreicht, moduliert wird.

Zu den oben erwähnten, biologisch-medizinischen '7Jahre+7Monate' Zyklen, es lohnt sich das folgende Diagramm in Gedächtnis zu behalten, um die eigenen Lebensabschnitte oder auch solche der uns wichtigen Personen besser verstehen zu können.

Dem Wunsch, die vorher angewandte Methode noch präziser zu machen, kann man dadurch entsprechen, dass man noch die bislang noch nicht berücksichtigte "Modulatoren" des kosmischen Energietransfers identifiziert und in die Methode eingliedert. So ein Modulator stellt, zum Beispiel der nächste zur Erde Quanten-Mitglied des Sonnensystems dar, der Mars. Heute ist das scheinbar nur ein kleiner Reststück der ehemaligen Ur-Mars. Seine Quantenposition spielt jedoch in dem Zusammenspiel des gesamten Sonnensystem genau solche Rolle, wie alle anderen Modulatoren auch. Durch seine elliptische Bahn um das Zentrum des gesamten Systems in Venus kommt er mal näher mal weiter an die Sonne und Erde heran. Dadurch ändert er auch den Fluss der Energie, die die Erde erreicht, und das ist auch die gleiche Ursache, die entsprechenden Schwankungen des irdischen Klimas verursacht.

Man kann die Richtigkeit dieser These leicht überprüfen, indem man sich die Statistiken der letzten Mars-Oppositionen anschaut und sie mit den "Wärmewellen" und dazwischen liegenden "Kältewellen" vergleicht. Einen Katalog der Mars-Oppositionen aus den Jahren 1950-2061 kann man auf der Website von Hartmut Frommert finden. Ich habe die erdnahen Mars-Oppositionen mit gelb und die erdfernen Oppositionen - mit zyan auf einer Kopie dieser Tabelle hier unten markiert.

Quelle: http://spider.seds.org/spider/Mars/marsopps.html

Mars Opposition Catalog

Opposition						Closest Approach				
Date	UT	L_hel	RA	Dec	m_max	Date	UT	dist AU	Mkm	diam
1950 Mar 23	05:37	182:44	12:13	+02:20	-1.33	1950 Mar 27	06:15	0.64971	97.20	14.41
1952 May 1	01:25	221:17	14:34	-14:17	-1.78	1952 May 8	13:31	0.55824	83.51	16.77
1954 Jun 24	17:14	273:16	18:12	-27:41	-2.49	1954 Jul 2	08:01	0.42779	64.00	21.88
1956 Sep 10	21:51	348:45	23:26	-10:07	-2.85	1956 Sep 7	04:54	0.37809	56.56	24.76
1958 Nov 16	14:26	54:19	03:25	+19:08	-2.19	1958 Nov 8	13:15	0.48770	72.96	19.19
1960 Dec 30	10:14	99:17	06:39	+26:49	-1.55	1960 Dec 25	05:46	0.60682	90.78	15.42
1963 Feb 4	11:50	135:28	09:15	+20:42	-1.25	1963 Feb 3	03:23	0.67045	100.30	13.96
1965 Mar 9	12:22	169:13	11:25	+08:08	-1.25	1965 Mar 12	01:13	0.66847	100.00	14.00
1967 Apr 15	11:24	205:16	13:35	-07:43	-1.56	1967 Apr 21	17:39	0.60120	89.94	15.57
1969 May 31	15:50	250:26	16:32	-23:56	-2.19	1969 Jun 9	04:15	0.47955	71.74	19.52
1971 Aug 10	06:52	317:24	21:27	-22:15	-2.85	1971 Aug 12	02:32	0.37569	56.20	24.91
1973 Oct 25	03:28	31:56	02:00	+10:17	-2.49	1973 Oct 17	04:11	0.43604	65.23	21.47
1975 Dec 15	13:59	57:56	05:29	+26:02	-1.76	1975 Dec 9	00:09	0.56549	84.60	16.55
1978 Jan 22	00:11	121:55	08:20	+24:06	-1.33	1978 Jan 19	03:07	0.65319	97.72	14.33
1980 Feb 25	05:43	156:04	10:37	+13:27	-1.22	1980 Feb 26	06:06	0.67731	101.32	13.83
1982 Mar 31	10:14	190:38	12:43	-01:21	-1.40	1982 Apr 5	06:36	0.63511	95.01	14.75
1984 May 11	08:52	231:04	15:13	+18:05	-1.92	1984 May 19	10:44	0.53146	79.51	17.63
1986 Jul 10	05:27	287:52	19:20	-27:44	-2.65	1986 Jul 16	10:59	0.40357	60.37	23.21
1988 Sep 28	03:32	5:23	00:27	-02:06	-2.75	1988 Sep 22	03:19	0.39315	58.81	23.83
1990 Nov 27	20:35	65:20	04:13	+22:38	-2.02	1990 Nov 20	03:50	0.51692	77.33	18.12
1993 Jan 7	22:43	107:40	07:19	+26:16	-1.46	1993 Jan 3	13:33	0.62609	93.66	14.96
1995 Feb 12	02:32	142:54	09:47	+18:10	-1.23	1995 Feb 11	14:20	0.67569	101.08	13.86
1997 Mar 17	07:55	176:46	11:54	+04:40	-1.29	1997 Mar 20	16:51	0.65938	98.64	14.20
1999 Apr 24	17:38	214:06	14:09	-11:37	-1.67	1999 May 1	17:28	0.57846	86.54	16.18
2001 Jun 13	17:59	262:46	17:28	-26:30	-2.36	2001 Jun 21	22:57	0.45017	67.34	20.79

Year								Year				AU		
2003	Aug	28	17:59	335:01	22:38	-15:49	-2.88	2003	Aug	27	09:52	0.37272	55.76	25.11
2005	Nov	7	07:59	45:01	02:51	+15:54	-2.33	2005	Oct	30	03:26	0.46406	69.42	20.19
2007	Dec	24	19:47	92:46	06:12	+26:46	-1.64	2007	Dec	18	23:47	0.58935	88.17	15.88
2010	Jan	29	19:37	129:39	08:54	+22:09	-1.28	2010	Jan	27	19:02	0.66398	99.33	14.10
2012	Mar	3	20:04	163:29	11:07	+10:17	-1.23	2012	Mar	5	17:01	0.67368	100.78	13.89
2014	Apr	8	20:57	198:44	13:14	-05:08	-1.48	2014	Apr	14	12:54	0.61756	92.39	15.16
2016	May	22	11:11	241:34	15:58	-21:39	-2.06	2016	May	30	21:36	0.50321	75.28	18.60
2018	Jul	27	05:07	303:53	20:33	-25:30	-2.78	2018	Jul	31	07:51	0.38496	57.59	24.31
2020	Oct	13	23:20	20:12	01:22	+05:26	-2.62	2020	Oct	6	14:19	0.41492	62.07	22.56
2022	Dec	8	05:36	75:47	04:59	+25:00	-1.87	2022	Dec	1	02:18	0.54447	81.45	17.19
2025	Jan	16	02:32	115:52	07:56	+25:07	-1.38	2025	Jan	12	13:38	0.64228	96.08	14.57
2027	Feb	19	15:45	150:23	10:18	+15:23	-1.21	2027	Feb	20	00:14	0.67792	101.42	13.81
2029	Mar	25	07:43	184:32	12:23	+01:04	-1.34	2029	Mar	29	12.56	0.64722	96.82	14.46
2031	May	4	11:57	223:25	14:46	-15:29	-1.80	2031	May	12	03:50	0.55336	82.78	16.91
2033	Jun	27	01:24	275:39	18:30	-27:50	-2.51	2033	Jul	5	11:19	0.42302	63.28	22.13
2035	Sep	15	19:33	352:19	23:43	-08:01	-2.84	2035	Sep	11	14:21	0.38041	56.91	24.61
2037	Nov	19	09:04	56:51	03:37	+20:16	-2.16	2037	Nov	11	08:00	0.49358	73.84	18.96
2040	Jan	2	15:21	101:16	06:50	+26:41	-1.53	2039	Dec	28	14:47	0.61092	91.39	15.32
2042	Feb	6	11:59	137:14	09:25	+19:50	-1.24	2042	Feb	5	07:57	0.67174	100.49	13.93
2044	Mar	11	12:44	170:59	11:33	+06:56	-1.26	2044	Mar	14	06:07	0.66708	99.79	14.03
2046	Apr	17	18:01	207:15	13:44	-09:00	-1.58	2046	Apr	24	04:33	0.59704	89.32	15.68
2048	Jun	3	14:45	253:01	16:45	-24:45	-2.22	2048	Jun	12	01:41	0.47366	70.86	19.76
2050	Aug	14	07:46	321:02	21:43	-20:44	-2.87	2050	Aug	15	12:55	0.37405	55.96	25.02
2052	Oct	28	06:28	34:49	02:12	+11:58	-2.46	2052	Oct	20	05:12	0.44091	65.96	21.23
2054	Dec	17	22:09	85:25	05:40	+26:20	-1.73	2054	Dec	11	11:44	0.57015	85.29	16.42
2057	Jan	24	01:26	123:44	08:28	+23:27	-1.32	2057	Jan	21	09:03	0.65552	98.06	14.28
2059	Feb	27	05:25	157:48	10:44	+12:20	-1.22	2059	Feb	28	10:32	0.67681	101.25	13.83
2061	Apr	2	12:47	192:27	12:50	-02:38	-1.41	2061	Apr	7	13:54	0.63199	94.54	14.81

Aus diesem Vergleich sehen wir eindeutig, dass sich eine der letzten Hitzewellen in Europa im Jahre 2018 genau nach ihrer Vorgängerin aus dem August 2003 wiederholt hat. Die damalige Mars-Opposition war die erste nach der besonderen Opposition 2003, wenn die Entfernung Erde-Mars (0.37272 AU) die niedrigste der letzten Jahrtausende war. Die entsprechende Entfernung Jahres 2018 war am 31 Juli (mit dem Wert von 0.38496 AU) erreicht. (*1 AU; auf Deutsch 1AE = eine Astronomische Einheit entspricht der durchschnittlichen Entfernung Erde-Sonne*).

Die Mars-Opposition aus dem Jahr 1988 hat unser Wetter nicht so stark beeinflusst, weil damals die minimale Entfernung Erde-Mars deutlich größer ausgefallen ist (0.39315 AU). Aber die noch frühere aus dem Jahr 1971 hat in den Wetter-Chroniken auch ihre Spuren hinterlassen: "Der August 1971 ist ein traumhafter Sommermonat. Die Temperatur liegt im Durchschnitt bei fast 20 °C. Lediglich 8 mm Niederschlag messen die Meteorologen."

Es ist selbstverständlich, dass die erdferne Mars-Opposition eine umgekehrte Luftbewegung der Erdatmosphäre verursachen muss. Und so beobachteten wir eine Kältewelle in Januar 2010, die sich auf die Jahre 2011 ("Extrem lange Kältewelle; Verbreitet neue Schneerekorde; von Ende November 2010 bis Anfang Januar 2011") und 2012 ("Kältewelle in Europa Januar/Februar 2012") verlängert, weil sich die erdferne Mars-Opposition damals über zwei Jahre gezogen hat.

Auch die frühere erdferne Mars-Opposition des Jahres 1996 hat eine Kältewelle in Europa verursacht ("Tatsächlich unterbrach der Winter 1995/96 mit deutlich negativen Abweichungen vom vieljährigen Mittel (1961-1990) der Lufttemperatur die Folge der milden Winter der letzten Jahre.").

Die noch frühere erdferne Mars-Opposition des Jahres 1963 hat eine ziemlich lange Kältewelle in Europa verursacht ("Der Winter der Jahre 1962 auf 1963 war für ganz Europa einer der strengsten Winter des 20. Jahrhunderts."), weil sich auch diese erdferne Mars-Opposition über zwei Jahre lang gezogen hat.

Obwohl ich den Mars nicht direkt in unsere jetzigen Berechnungen einbeziehe, es sollte jetzt klar sein, dass sich keine von diesen obigen extremen warmen und kalten Wetterlagen durch irgendwelche menschliche Tätigkeiten ereignet haben. **Wer das globale Erdklima verstehen (und vorhersagen) möchte, muss die kosmischen Einflüsse auf die Erdatmosphäre berücksichtigen.**

2. Die ersten Schritte mit der erhöhten Präzision

Wir ergänzen die Modulatoren des Energietransfers zur Erde um die Stufe 1 unserer Kosmischen Hierarchie. Dadurch hoffen wir, noch genauere Übereinstimmung mit den beobachteten Klimadaten zu erreichen. Wir verkürzen auch die Berechnungsperiode zu diesem Zeitabschnitt, für welchen wir zuverlässige Vergleichsdaten haben. Wir fangen zwar mit dem Jahr 1800 an, aber die richtige Angaben für diese kurzfristige Stufe der '7 Jahren+7 Monaten' können wir nur nach dem zeitlich benachbarten Quantensprung der höheren Stufe 2 erreichen. Diese passierte theoretisch im Jahr 1884,61. Ab da sind also auch unser Angaben für den Modulator der Stufe 1 zuverlässig. Wir beenden diese detailliertere Vorhersage der Veränderungen des relativen Energietransfers zur Erde im Jahre 2092.

3. Die genauen Instruktionen

Tabelle IV. Instruktionen zur Berechnung des globalen Energietransfers laut des Naturics-Modells in Jahrhunderten 20 und 21

<table>
<tr><td colspan="2">Kolumne</td><td rowspan="2">Anfangs-
wert</td><td rowspan="2">Status</td><td rowspan="2">Funktion zur Berechnung[6]</td><td rowspan="2">Nachfolge Operation</td><td rowspan="2">Note</td></tr>
<tr><td>Name</td><td>Beschrei-bung</td></tr>
<tr><td>A</td><td>Nr</td><td>A4=
35</td><td>set</td><td>A5 = A4+1</td><td>Ausfüllen nach unten</td><td>a</td></tr>
<tr><td>B</td><td>Year</td><td>B4=
1800,07</td><td>set</td><td>B5 = B4+1,3515675</td><td>Ausfüllen nach unten</td><td>b</td></tr>
</table>

---

6   Auch für diese Berechnung benutzte ich das LibreOffice Calculation Programm.

C	Jupiter	C4= 1796,67	set	C5 = WENN(ABS(C4-B5)<= 5,40627;C4;C4+10,81254)	Ausfüllen nach unten	c
D	Saturn	D4= 1812,41	set	D5 = WENN(ABS(D4-B5)<= 14,729;D4;D4+29,458)	Ausfüllen nach unten	d
E	7y_7m	E4= 1800,00	set	E5 = WENN(ABS(E4-B5)<= 3,792;E4;E4+7,5839)	Ausfüllen nach unten	e
F	LGS	F4= 1792,52	set	F5 = WENN(ABS(F4-B5)<= 46,0448;F4;F4+92,0896)	Ausfüllen nach unten	f
G	DC	G4= 1741,81	set	G5 = WENN(ABS(G4-B5)<= 123,595;G4;G4+247,19)	Ausfüllen nach unten	g
H	OLMG	H4= 1989,85	set	H5 = WENN(ABS(H4-B5)<= 559,114;H4;H4+1118,228)	Ausfüllen nach unten	h
I	Jup-M.	I4= 0,1228	calc.	I4 = 1-ABS((C4-B4)/5,40627)	Ausfüllen nach unten	i
J	Sat-M.	J4= 0,1264	calc.	J4 = 1-ABS((D4-B4)/14,729)	Ausfüllen nach unten	j
K	7_7-M.	K4= 0,6594	calc.	K4 = 1-ABS((E4-B4)/3,792)	Ausfüllen nach unten	k
L	LGS-M	L4= 0,8398	calc.	L4 = 1-ABS((F4-B4)/46,0448)	Ausfüllen nach unten	l
M	DC-M.	M4= 0,1821	calc.	M4 = 1-ABS((G4-B4)/123,595)	Ausfüllen nach unten	m
N	OL-M.	N4= 0,9633	calc.	N4 = 1-ABS((H4-B4)/559,114)	Ausfüllen nach unten	n
O	Total	O4= 2,8939	calc.	M4=I4+J4+K4+L4+M4+N4	Ausfüllen nach unten	o
P	Scale	P4= 5,538	calc.	P4 = MAX(O4:O550)	P5=P4; Ausfüllen nach unten	p
Q	Cycle	Q4=	set	Q4 = A8/8	Ausfüllen	q

		4,375			nach unten	
R	Year	R4= 1887,9	set	R4=B4	Ausfüllen nach unten	r
S	Rel.	S4= 54,1	calc.	S4 = 100*O4/P4	Ausfüllen nach unten	s
T	Aver.	T20= 67,8	calc.	T20 = SUMME(S4:S36)/33	Ausfüllen nach unten	t

Bemerkungen *(nur diese. die von denen der Tabelle II abweichen)*:

a-b) Das Start-Jahr wurde in diesem Beispiel der Berechnung ziemlich willkürlich gewählt, auf jeden Fall vor dem bald kommenden Quantensprung der Stufe 2 (*s. Bemerkung dazu im Punkt 2 dieses Kapitels*).

e) Diese Gruppe der sich zusammen bewegenden Himmelskörper, die für die Modulation dieser Stufe verantwortlich ist, wirkt auf den Energietransfer zu dem Sonnensystem ähnlich, wie alle anderen Modulatoren.

h) Wir behalten auch in diesem kürzeren Beispiel die Stufe 3, obwohl ihr Einfluss auf dieser Zeitskala konstant bleibt.

o) Wir summieren alle Beiträge.

p) Wir suchen den maximalen Wert aller einzelnen Beiträge.

s) Der finale Beitrag der fünf Modulators der Energie, die das Sonnensystem in den analysierten 290 Jahren erreichte, in der Relation zu dem maximalen Wert aus dem Punkt o.

t) Die Werte aus der Reihe S gemittelt durch einen ganzen Zyklus von 10,81254 Jahre (oder neun Schritte der Kalkulation).

4. Die detaillierten Schritte der Berechnung

Tabelle V. Seite 1a

A	B	C	D	E	F	G	H	I	J
Nr	Year	Jupiter	Saturn	7y_7m	LGS	DC	OLMG	Jup-M.	Sat-M.
35	1800,07	1796,67	1812,41	1800,00	1792,52	1741,81	1989,85	0,3711	0,1622
36	1801,42	1796,67	1812,41	1800,00	1792,52	1741,81	1989,85	0,1211	0,2540
37	1802,77	1807,48	1812,41	1800,00	1792,52	1741,81	1989,85	0,1289	0,3457
38	1804,12	1807,48	1812,41	1807,58	1792,52	1741,81	1989,85	0,3789	0,4375
39	1805,48	1807,48	1812,41	1807,58	1792,52	1741,81	1989,85	0,6289	0,5292
40	1806,83	1807,48	1812,41	1807,58	1792,52	1741,81	1989,85	0,8789	0,6210
41	1808,18	1807,48	1812,41	1807,58	1792,52	1741,81	1989,85	0,8711	0,7128
42	1809,53	1807,48	1812,41	1807,58	1792,52	1741,81	1989,85	0,6211	0,8045
43	1810,88	1807,48	1812,41	1807,58	1792,52	1741,81	1989,85	0,3711	0,8963
44	1812,23	1807,48	1812,41	1815,17	1792,52	1741,81	1989,85	0,1211	0,9881
45	1813,59	1818,30	1812,41	1815,17	1792,52	1741,81	1989,85	0,1289	0,9202
46	1814,94	1818,30	1812,41	1815,17	1792,52	1741,81	1989,85	0,3789	0,8284
47	1816,29	1818,30	1812,41	1815,17	1792,52	1741,81	1989,85	0,6289	0,7367
48	1817,64	1818,30	1812,41	1815,17	1792,52	1741,81	1989,85	0,8789	0,6449
49	1818,99	1818,30	1812,41	1822,75	1792,52	1741,81	1989,85	0,8711	0,5531
50	1820,34	1818,30	1812,41	1822,75	1792,52	1741,81	1989,85	0,6211	0,4614
51	1821,70	1818,30	1812,41	1822,75	1792,52	1741,81	1989,85	0,3711	0,3696
52	1823,05	1818,30	1812,41	1822,75	1792,52	1741,81	1989,85	0,1211	0,2778
53	1824,40	1829,11	1812,41	1822,75	1792,52	1741,81	1989,85	0,1289	0,1861
54	1825,75	1829,11	1812,41	1822,75	1792,52	1741,81	1989,85	0,3789	0,0943
55	1827,10	1829,11	1812,41	1830,34	1792,52	1741,81	1989,85	0,6289	0,0026
56	1828,45	1829,11	1841,87	1830,34	1792,52	1741,81	1989,85	0,8789	0,0892
57	1829,80	1829,11	1841,87	1830,34	1792,52	1741,81	1989,85	0,8711	0,1810
58	1831,16	1829,11	1841,87	1830,34	1792,52	1741,81	1989,85	0,6211	0,2727
59	1832,51	1829,11	1841,87	1830,34	1792,52	1741,81	1989,85	0,3711	0,3645

Tabelle V. Seite 1b

A	K	L	M	N	O	P	Q	R	S	T
Nr	7_7-M.	LGS-M.	DC-M.	OL-M.	Total	Scale	Cycle	Year	Rel.	Aver.
35	0,9815	0,8360	0,5286	0,6606	3,5401	5,5380	4,3750	1800	63,9	31,1
36	0,6251	0,8067	0,5177	0,6630	2,9875	5,5380	4,5000	1801	53,9	39,4
37	0,2687	0,7773	0,5068	0,6654	2,6928	5,5380	4,6250	1803	48,6	47,9
38	0,0878	0,7480	0,4958	0,6678	2,8158	5,5380	4,7500	1804	50,8	55,3
39	0,4442	0,7186	0,4849	0,6702	3,4761	5,5380	4,8750	1805	62,8	61,5
40	0,8006	0,6893	0,4739	0,6727	4,1364	5,5380	5,0000	1807	74,7	60,5
41	0,8430	0,6599	0,4630	0,6751	4,2248	5,5380	5,1250	1808	76,3	61,1
42	0,4865	0,6306	0,4521	0,6775	3,6723	5,5380	5,2500	1810	66,3	63,2
43	0,1301	0,6012	0,4411	0,6799	3,1198	5,5380	5,3750	1811	56,3	64,9
44	0,2263	0,5718	0,4302	0,6823	3,0199	5,5380	5,5000	1812	54,5	64,7
45	0,5828	0,5425	0,4193	0,6847	3,2784	5,5380	5,6250	1814	59,2	62,3
46	0,9392	0,5131	0,4083	0,6872	3,7552	5,5380	5,7500	1815	67,8	59,6
47	0,7044	0,4838	0,3974	0,6896	3,6407	5,5380	5,8750	1816	65,7	58,1
48	0,3479	0,4544	0,3865	0,6920	3,4046	5,5380	6,0000	1818	61,5	57,2
49	0,0085	0,4251	0,3755	0,6944	2,9278	5,5380	6,1250	1819	52,9	55,6
50	0,3649	0,3957	0,3646	0,6968	2,9045	5,5380	6,2500	1820	52,5	53,0
51	0,7214	0,3664	0,3537	0,6992	2,8813	5,5380	6,3750	1822	52,0	49,6
52	0,9222	0,3370	0,3427	0,7017	2,7026	5,5380	6,5000	1823	48,8	47,7
53	0,5658	0,3077	0,3318	0,7041	2,2243	5,5380	6,6250	1824	40,2	47,1
54	0,2094	0,2783	0,3208	0,7065	1,9882	5,5380	6,7500	1826	35,9	46,9
55	0,1471	0,2490	0,3099	0,7089	2,0463	5,5380	6,8750	1827	37,0	45,7
56	0,5035	0,2196	0,2990	0,7113	2,7015	5,5380	7,0000	1828	48,8	43,3
57	0,8599	0,1903	0,2880	0,7138	3,1041	5,5380	7,1250	1830	56,1	41,9
58	0,7836	0,1609	0,2771	0,7162	2,8316	5,5380	7,2500	1831	51,1	42,8
59	0,4272	0,1315	0,2662	0,7186	2,2791	5,5380	7,3750	1833	41,2	45,5

Tabelle V. Letzte Seite; Teil a

A	B	C	D	E	F	G	H	I	J
Nr	Year	Jupiter	Saturn	7y_7m	LGS	DC	OLMG	Jup-M.	Sat-M.
227	2059,57	2056,17	2048,07	2058,11	2081,94	1989,00	1989,85	0,3711	0,2194
228	2060,92	2056,17	2048,07	2058,11	2081,94	1989,00	1989,85	0,1211	0,1277
229	2062,27	2066,98	2048,07	2065,69	2081,94	1989,00	1989,85	0,1289	0,0359
230	2063,63	2066,98	2077,53	2065,69	2081,94	1989,00	1989,85	0,3789	0,0559
231	2064,98	2066,98	2077,53	2065,69	2081,94	1989,00	1989,85	0,6289	0,1476
232	2066,33	2066,98	2077,53	2065,69	2081,94	1989,00	1989,85	0,8789	0,2394
233	2067,68	2066,98	2077,53	2065,69	2081,94	1989,00	1989,85	0,8711	0,3311
234	2069,03	2066,98	2077,53	2065,69	2081,94	1989,00	1989,85	0,6211	0,4229
235	2070,38	2066,98	2077,53	2073,27	2081,94	1989,00	1989,85	0,3711	0,5147
236	2071,74	2066,98	2077,53	2073,27	2081,94	1989,00	1989,85	0,1211	0,6064
237	2073,09	2077,80	2077,53	2073,27	2081,94	1989,00	1989,85	0,1289	0,6982
238	2074,44	2077,80	2077,53	2073,27	2081,94	1989,00	1989,85	0,3789	0,7900
239	2075,79	2077,80	2077,53	2073,27	2081,94	1989,00	1989,85	0,6289	0,8817
240	2077,14	2077,80	2077,53	2080,86	2081,94	1989,00	1989,85	0,8789	0,9735
241	2078,49	2077,80	2077,53	2080,86	2081,94	1989,00	1989,85	0,8711	0,9348
242	2079,84	2077,80	2077,53	2080,86	2081,94	1989,00	1989,85	0,6211	0,8430
243	2081,20	2077,80	2077,53	2080,86	2081,94	1989,00	1989,85	0,3711	0,7512
244	2082,55	2077,80	2077,53	2081,94	2081,94	1989,00	1989,85	0,1211	0,6595
245	2083,90	2088,61	2077,53	2081,94	2081,94	1989,00	1989,85	0,1289	0,5677
246	2085,25	2088,61	2077,53	2081,94	2081,94	1989,00	1989,85	0,3789	0,4759
247	2086,60	2088,61	2077,53	2089,52	2081,94	1989,00	1989,85	0,6289	0,3842
248	2087,95	2088,61	2077,53	2089,52	2081,94	1989,00	1989,85	0,8789	0,2924
249	2089,31	2088,61	2077,53	2089,52	2081,94	1989,00	1989,85	0,8711	0,2007
250	2090,66	2088,61	2077,53	2089,52	2081,94	1989,00	1989,85	0,6211	0,1089
251	2092,01	2088,61	2077,53	2089,52	2081,94	1989,00	1989,85	0,3711	0,0171

Tabelle V. Letzte Seite Teil b

A	K	L	M	N	O	P	Q	R	S	T
Nr	7_7-M.	LGS-M.	DC-M.	OL-M.	Total	Scale	Cycle	Year	Rel.	Aver.
227	0,6134	0,5142	0,4290	0,8753	3,0225	5,538	28,375	2060	54,6	55,4
228	0,2570	0,5436	0,4181	0,8729	2,3403	5,538	28,500	2061	42,3	57,1
229	0,0994	0,5729	0,4071	0,8705	2,1148	5,538	28,625	2062	38,2	57,4
230	0,4559	0,6023	0,3962	0,8680	2,7571	5,538	28,750	2064	49,8	56,1
231	0,8123	0,6316	0,3853	0,8656	3,4713	5,538	28,875	2065	62,7	54,8
232	0,8313	0,6610	0,3743	0,8632	3,8481	5,538	29,000	2066	69,5	55,3
233	0,4749	0,6903	0,3634	0,8608	3,5916	5,538	29,125	2068	64,9	58,2
234	0,1184	0,7197	0,3525	0,8584	3,0929	5,538	29,250	2069	55,9	61,7
235	0,2380	0,7490	0,3415	0,8560	3,0703	5,538	29,375	2070	55,4	63,9
236	0,5945	0,7784	0,3306	0,8535	3,2845	5,538	29,500	2072	59,3	64,7
237	0,9509	0,8077	0,3197	0,8511	3,7565	5,538	29,625	2073	67,8	65,5
238	0,6927	0,8371	0,3087	0,8487	3,8561	5,538	29,750	2074	69,6	66,8
239	0,3363	0,8664	0,2978	0,8463	3,8574	5,538	29,875	2076	69,7	68,8
240	0,0202	0,8958	0,2869	0,8439	3,8991	5,538	30,000	2077	70,4	70,1
241	0,3766	0,9251	0,2759	0,8415	4,2250	5,538	30,125	2078	76,3	69,9
242	0,7330	0,9545	0,2650	0,8390	4,2557	5,538	30,250	2080	76,8	68,3
243	0,9105	0,9839	0,2540	0,8366	4,1074	5,538	30,375	2081	74,2	67,0
244	0,8398	0,9868	0,2431	0,8342	3,6845	5,538	30,500	2083	66,5	66,5
245	0,4833	0,9574	0,2322	0,8318	3,2014	5,538	30,625	2084	57,8	66,5
246	0,1269	0,9281	0,2212	0,8294	2,9605	5,538	30,750	2085	53,5	64,5
247	0,2295	0,8987	0,2103	0,8270	3,1786	5,538	30,875	2087	57,4	61,0
248	0,5860	0,8694	0,1994	0,8245	3,6506	5,538	31,000	2088	65,9	52,7
249	0,9424	0,8400	0,1884	0,8221	3,8647	5,538	31,125	2089	69,8	45,3
250	0,7012	0,8107	0,1775	0,8197	3,2391	5,538	31,250	2091	58,5	38,9
251	0,3448	0,7813	0,1666	0,8173	2,4982	5,538	31,375	2092	45,1	33,0

5. Die berechneten Diagramme für die Jahre 1890 bis 2070

Die relativen Änderungen des Energietransfers, der die Erde in dieser Zeit erreicht hat, stellt das untere Diagramm dar. Es ist ein Auszug aus dem allgemeineren Programm des Kapitels 3. Wir sehen eindeutig, dass das aktuelle, sogenannte 'moderne' Optimum des globalen Klimas, bereits in den 90er Jahren überschritten wurde. Die gelbe Linie ist der mittlere Wert der Periode seit dem Jahr 347, die wir im Kapitel 3 diskutiert haben. In den nächsten zwei Dekaden kehren wir wieder zu dem durchschnittlichem Niveau zurück.

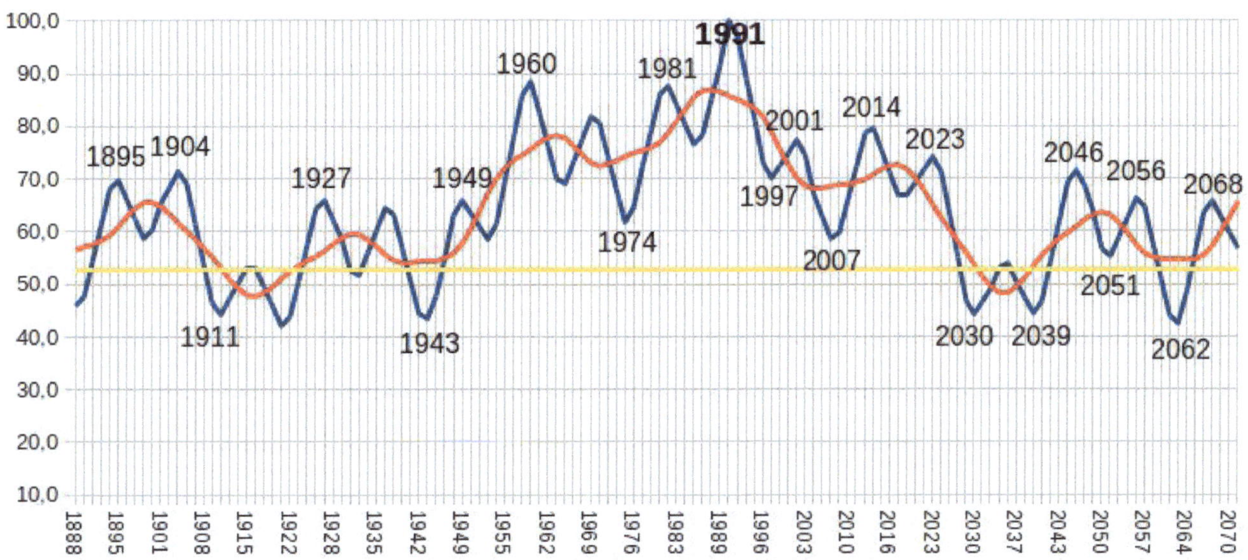

Unser jetzige Test der gestiegenen Präzision unserer Berechnung, mit der Berücksichtigung auch der kürzeren Periode von 7.58 Jahren, ist positiv zu bewerten, weil die zusätzliche Präzision unsere Ergebnisse noch näher an die bekannten Tatsachen der Beobachtung des Erdklimas bringt, wie das untere Diagramm, im Vergleich mit dem vorherigen, zeigt. Diesmal zeigt die gelbe Linie den mittleren Wert der hier gezeigten Periode der Zeit von 290 Jahren. Ironie der Geschichte: Der ganze

"Kalte Krieg" hat sich in der wärmsten natürlichen Phase des globalen Klimas abgespielt, die meine alte Generation noch persönlich erlebt hat.

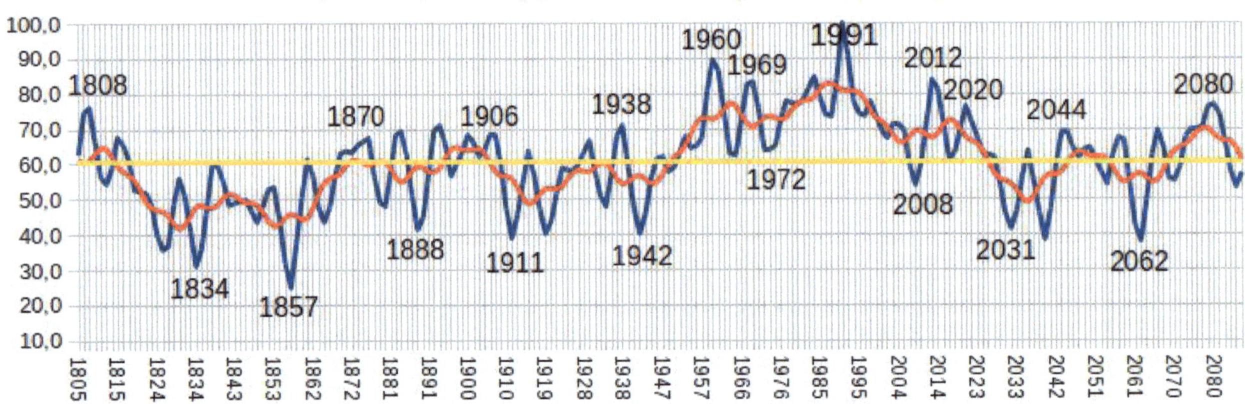

Teil 3

Rekonstruktion und Vorhersage der Änderungen des globalen Klimas der Erde

Der Abschnitt der Erdgeschichte, und auch der Geschichte des Erdklimas des 19. und 20. Jahrhunderts, ist besonders interessant, weil sich die Welt in dieser Zeit der sogenannten 'Moderne' grundlegend verändert hat. Die weltweite industrielle Revolution, die zwei Weltkriege und die katastrophale Umweltverschmutzung, all das passierte in diesem relativ kurzen Zeitabschnitt der Geschichte der Menschheit. Unabhängig von allen menschlichen Aktivitäten hat sich jedoch das kosmische Karussell der Kosmischen Hierarchie des Sonnensystems, ganz von uns Menschen unbeeindruckt, weiter gedreht. Diese Berechnung spiegelt die uns gut bekannten Wechseln des globalen Klimas der Erde in diesem Zeitabschnitt echt präzise wider. Einerseits bedeutet das, dass unsere Idee der Berechnung der Klimaänderungen mit der Zeit sehr realistisch ist. Zweitens bedeutet das, dass auch die gewalttätigsten Wirkungen der Menschheit nur einen Einfluss auf die Umwelt haben, nicht aber auf das globale Klima der Erde. Und drittens, muss auch unsere Vorhersage der zukünftigen Änderungen des globalen Klimas sehr ernst genommen werden, weil uns im Gegenteil zu der aktuellen Meinung der wissenschaftlichen Weltgemeinschaft, nicht eine weitere Erderwärmung, sondern eine ernsthafte Erdabkühlung bevorsteht. Das ändert unseren Blick auf die weltweite Energiekrise radikal.

Kapitel 5

Rekonstruktion der vergangenen relativen Änderungen der globalen Temperatur der Erde in den 7000 Jahren vor unserer Zeit

1. Die Idee

Die Digitalisierung der Welt von heute ist so selbstverständlich geworden, dass sich nur wenige Menschen daran erinnern, wie das Leben vor der Ära der 'Personal Computer' war. Ich gehöre noch zu diesen wenigen. Deswegen, es war für mich eine fast Offenbarung, als ich die Möglichkeit begriffen habe, dass ich jetzt mit meinem Laptop viel weiter in die Vergangenheit blicken kann, um die Rekonstruktion der vergangenen Wechseln des globalen Klimas zu berechnen. Vor allem interessiert mich die Zeit um den letzten Quantensprung der Stufe 5, der den Startschuss zum Leben unserer 'modernen' Spezies *Homo sapiens Sapiens 'modernus'* abgefeuert hat. Das entsprechende Diagramm zu dieser Periode unserer Geschichte haben wir in Kapitel 2.3 gesehen. Jetzt wollen wir diese spezielle Berechnung der Änderungen des Energietransfers zur Erde über die vergangenen sieben Tausend Jahren vorstellen.

Bei diesem langen Zeitabschnitt berechnen wir nur zwei Punkte für jede Jupiter-Sonne Periode. Dafür aber müssen wir die zwei längeren Perioden der Kosmischen Hierarchie, die der Stufen 4 und 5, berücksichtigen.

2. Die genauen Instruktionen

Tabelle VI. Instruktionen zur Berechnung des globalen Energietransfers laut des *Naturics*-Modells in den Jahrhunderten von 63 v.u.Z bis 25 u.Z.

Kolumne		Anfangs-wert	Status	Funktion zur Berechnung[7]	Nachfolge Operation	Note
Name	Beschrei -bung					
A	Nr	A8= -1493	set	A9 = A8+1	Ausfüllen nach unten	a
B	Year	B8= -6318,800	set	B9 = B8+5,40627	Ausfüllen nach unten	b
C	Jupiter	C8= -6314,000	set	C9 = WENN(ABS(C8-B9)<= 5,40627;C8;C8+10,81254)	Ausfüllen nach unten	c
D	Saturn	D8= -6313,000	set	D9 = WENN(ABS(D8-B9)<= 14,0563;D8;D8+28,1126)	Ausfüllen nach unten	d
E	LGS	E8= -6289,642	set	E9 = WENN(ABS(E8-B9)<= 46,0448;E8;E8+92,0896)	Ausfüllen nach unten	e
F	DC	F8= -6415,460	set	F9 = WENN(ABS(F8-B9)<= 123,595;F8;F8+247,19)	Ausfüllen nach unten	f
G	OLMG	G8= 6658,000	set	G9 = WENN(ABS(G8-B9)<= 559,114;G8;G8+1118,228)	Ausfüllen nach unten	g
H	OCC	H8= 6658,000	set	H9=WENN(ABS(H8-B9)<=6789,15;H8;H8+13578,3)	Ausfüllen nach unten	h
I	LMC	I8= -4719,500	set	I9=I8	Ausfüllen nach unten	i

---

7   Ich benutzte LibreOffice Calculation Programm.

J	Jup-M.	H8= 0,8772	calc.	H8 = 1-ABS((C8-B8)/5,40627)	Ausfüllen nach unten	j
K	Sat-M.	I8= 0,4827	calc.	I8 = 1-ABS((D8-B8)/14,0563)	Ausfüllen nach unten	k
L	LGS-M.	J8= 0,3373	calc.	J8 = 1-ABS((E8-B8)/46,0448)	Ausfüllen nach unten	l
M	DC-M.	K8= 0,2843	calc.	K8 = 1-ABS((F8-B8)/123,595)	Ausfüllen nach unten	m
N	OL-M.	L8= 0,2075	calc.	L8 = 1-ABS((G8-B8)/559,114)	Ausfüllen nach unten	n
O	OCC-M.	M8= 0,9500	calc.	M8=1-ABS((H8-B8)/6789,15)	Ausfüllen nach unten	o
P	LMC-M.	N8= 0,9806	calc.	N8=1-ABS((I8-B8)/82439)	Ausfüllen nach unten	p
Q	Total	Q8= 3,6082	calc.	Q8 = J8+K8+L8+M8+N8+O8+P8	Ausfüllen nach unten	q
R	Scale	R8= 6,329	calc.	R8 = MAX(Q8:Q1652)	N9 = N8; Ausfüllen nach unten	r
S	Cycle	S8= -746,5	calc.	S8 = A8/2	S9 = A9/2; Ausfüllen nach unten	s
T	Year	T8= -6319	set	T8 = B8	Ausfüllen nach unten	t
U	Rel.	U8= 57,0	calc.	U8 = 100*Q8/R8	Ausfüllen nach unten	u
V	Aver. 2 Zyklen	V8= 60,0	calc.	R8 = SUMME(U6:U10)/5	Ausfüllen nach unten	v
W	Aver. 8 Zyklen	W16=62,2	calc.	W16=SUMME(U8:U24)/17	Ausfüllen nach unten	w

Bemerkungen *(nur diese. die von denen der Tabelle II abweichen)*:

a-b) Das Start-Jahr wurde in diesem Beispiel der Berechnung so gezielt gewählt, dass der Höhepunkt der Stufen 5 und kleineren auf das Jahr -4719,50 gesetzt werden kann.

d) In diesem Programm habe ich mich entschieden auch für die ideale Periode des Saturn.

o) Auch diese Gruppe der sich zusammen bewegenden Himmelskörper, die für die Modulation dieser Stufe verantwortlich ist, wirkt auf den Energietransfer zu dem Sonnensystem ähnlich, wie alle anderen Modulatoren.

p) Wir behalten auch in diesem Beispiel die Stufe 5, obwohl ihr Einfluss auf dieser Zeitskala konstant bleibt.

q) Wir summieren alle Beiträge.

r) Wir suchen den maximalen Wert aller einzelnen Beiträge.

v) Der finale Beitrag der fünf Modulators der Energie (Spalte U), die das Sonnensystem in den analysierten 88 Jahrhunderten erreichte, in der Relation zu dem maximalen Wert aus dem Punkt r.

w) Die Werte aus der Reihe U gemittelt durch acht Zyklen von 10.81254 Jahren (oder siebzehn Schritte der Kalkulation).

3. Die berechneten Diagramme für die vergangenen Jahrtausende

Den Überblick der Resultate dieser langfristigen Berechnung (welche die neuen Tisch-Computer in Sekunden erledigen) beginnen wir mit einem Diagramm der gesamten Periode von 88 Jahrhunderten. Der Übersichtlichkeitswegen zeichnen wir zuerst nur einen einzigen (gemittelten) Punkt pro ein Jahrhundert.

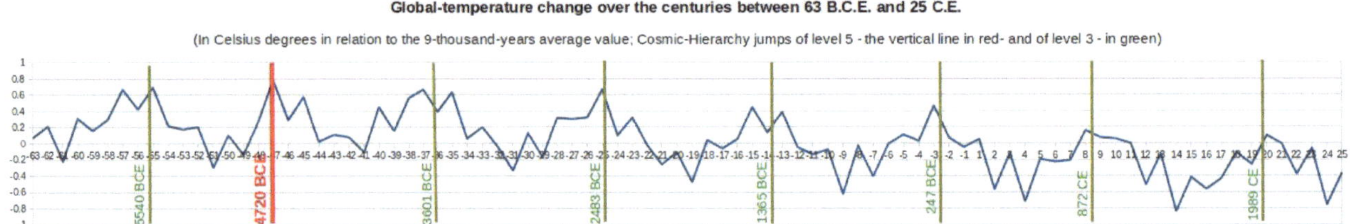

Damit wir das Diagramm ohne Lupe studieren können, teile ich ihn auf zwei Hälften. Die erste von ihnen sehen wir hier unten. Der rote Pfeil markiert das theoretische Maximum des letzten kosmischen Quantensprungs der Stufe 5 unserer Kosmischen Hierarchie, 4720 Jahre vor unserer Zeit.

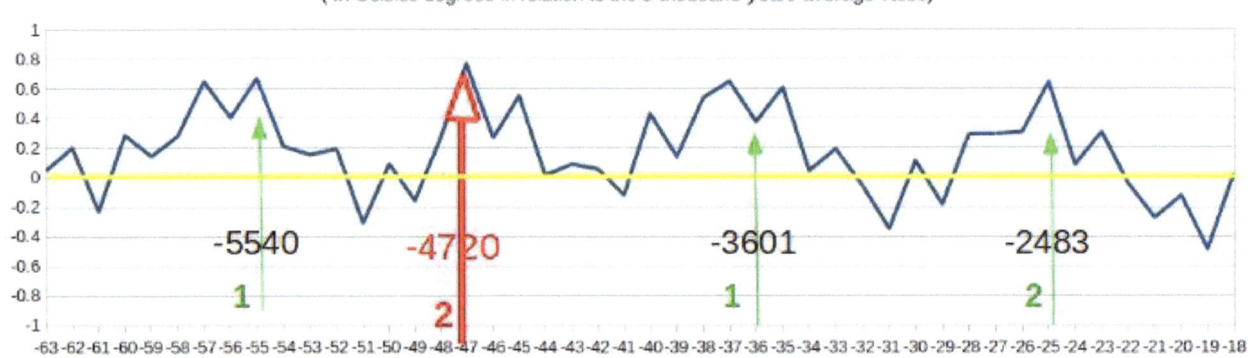

Die grünen Pfeile zeigen die benachbarten Quantensprünge der Stufe 3, die immer in einem zeitlichen Abstand von 1118.2 passieren. Hier soll man sich erinnern, dass der Übergang der Stufe 5 unserer Kosmischen Uhr alle ihre kleineren Zeiger, also auch den der Stufe 4, auf 0 gesetzt hat. Eine Stunde der Stufe 4 dauert 13578.3 Jahre. Deswegen kann unser Diagramm noch keinen solchen Sprung zeigen; der erste von ihnen passiert erst im Jahr 8859. Die zweite Hälfte des obigen Diagramms sehen wir hier unten.

Für die von uns, die nicht so gut mit den historischen Daten der Menschheitsgeschichte vertraut sind, bemerken wir nochmals, dass die Periode der Zeit zwischen den Sprüngen der Stufe 3 mit Nummern 1 und 2 in Mittelmeerraum der Zivilisation des Alten Ägypten entspricht. Dieselbe zwischen den Sprüngen 2 und 3 - der Zivilisation des Neuen Ägypten; die zwischen den Sprüngen 3 und 4 - der Griechischen Zivilisation; die zwischen den Sprüngen 4 und 5 - der Römischen Zivilisation; und die zwischen den Sprüngen 5 und 6 - der Mittelalterlichen Zivilisation. Ab 1989 läuft unsere siebte "Große" Zivilisation, die ich als unsere *Erste Globale Zivilisation* benannt habe.

Die allgemeine Tendenz der Änderung des Energietransfers zur Erde, und dadurch die Änderung des globalen Klimas der Erde, ist klar. Seit sieben Tausend Jahren kühlt sich die Erde global ab;

jedes "zivilisatorische" Optimum kulminiert mit niedrigeren Temperaturen als das vorherige. Diese Tendenz wird noch etwa 4000 Jahre halten, bis sich der nächste Quantensprung der Stufe 4 ankündigen wird. Mehr Details dieser Änderungen kann man den zwei unteren Diagrammen entnehmen.

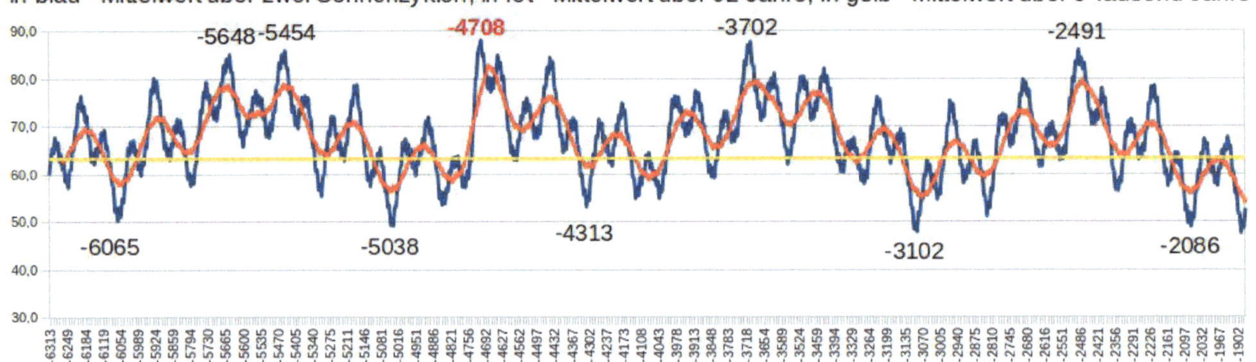

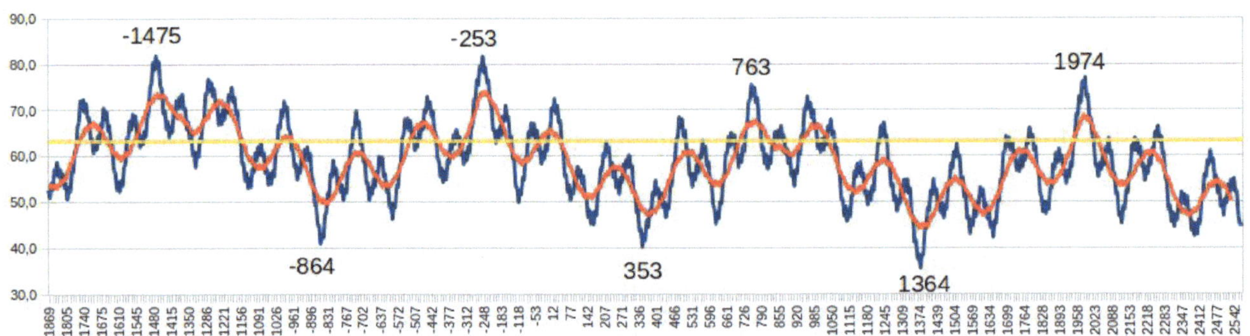

Kapitel 6

Rekonstruktion der vergangenen relativen Änderungen der globalen Temperatur der Erde in den letzten tausend Jahren

1. Die Idee

Die in den vorherigen Kapiteln präsentierte Kalkulationsmethode der Änderungen der Intensität des Energietransfers zur Erde in den vergangenen Jahrtausenden erlaubt uns eine sehr realistische Rekonstruktion der vergangenen Wandlungen des globalen Klimas der Erde. Das wiederum ermöglicht uns, einerseits, einen Vergleich der berechneten wärmeren und kälteren Perioden dieser Wandlungen mit den entsprechenden Perioden unserer geschriebenen Geschichte. Zum zweiten, sind wir jetzt aber auch imstande, zum ersten Mal in unserer Wissenschaft, eine genaue Vorhersage der zukünftigen natürlichen Wandlungen des globalen Klimas der Erde zu fertigen. In diesem Kapitel konzentrieren wir aus auf der ersten dieser Aufgaben. Der Vorhersage widmen wir den nächsten und letzten Kapitel dieses Buches.

2. Ein Vergleich der berechneten Änderungen mit den historischen Fakten

Einen Ausschnitt der Ausgabe des Programms aus dem Kapitel 3 stellt dieses Diagramm vor. Das Wichtigste, was wir daraus auslesen sollten, ist die offensichtliche Beobachtung, dass die natürliche Erwärmung der Erde zwischen den Jahren 1857 und 1991 nur teilweise, wenn überhaupt, irgendwelchen menschlichen Aktivitäten zuzuschreiben ist. Wie wir im Kapitel 5 gesehen haben, das 'moderne' Optimum des Klimawandels war die kälteste der letzten 7000 Jahren.

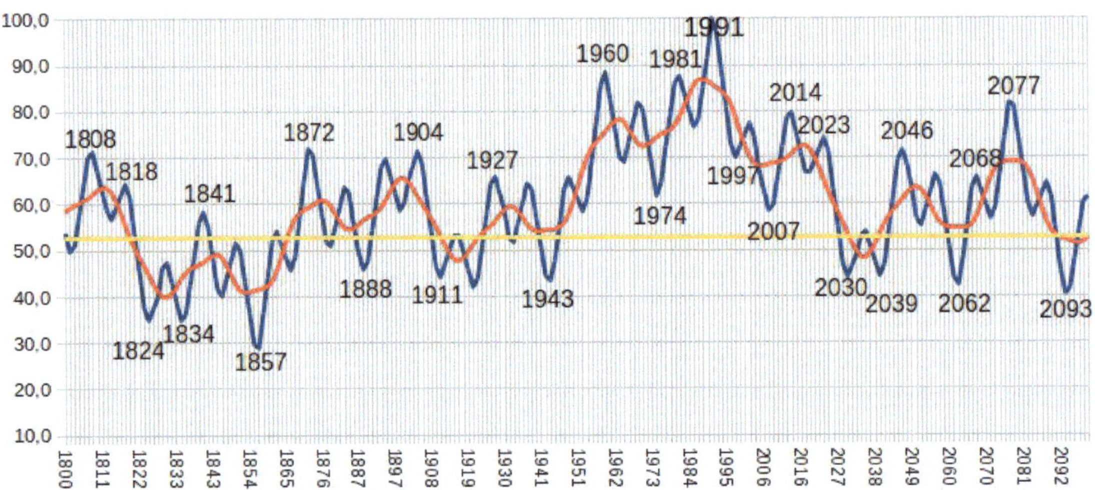

Bleiben wir aber zuerst bei dem Vergleich mit den historischen Ereignissen. Das Gesamtergebnis der berechneten Zeitperiode im Kapitel 3 stellt das folgende Diagramm vor. Die grüne Linie stellt den Durchschnittswert dieser Periode dar, und die gelbe Linie - den Durchschnittswert der letzten 7000 Jahren. Wir sehen eindeutig, dass wir heute in der kältesten "zivilisatorischen" Klimaperiode der Menschheit leben. Und, wie oben bereits erwähnt, diese Abkühlung wird sich fortsetzen.

Um uns einen Vergleich mit den historischen Ereignissen zu erleichtern, teilen wir graphisch diese ganze Periode auf kalte und warme Perioden, die wir auch nummerieren können. Dazu benutze ich (*hier weiter unten*) eine ältere Zeichnung und Tabelle, die ich für ein anderes Buch vorbereitet habe.

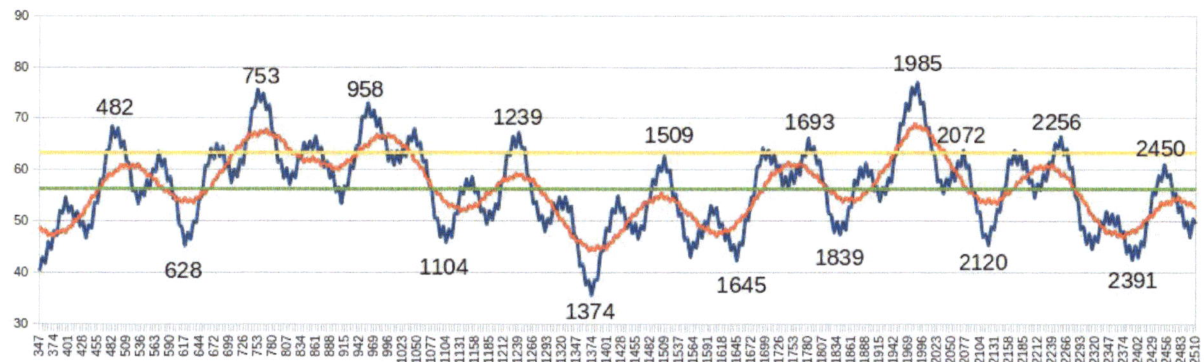

Relative energy transfer of the Cosmic Hierarchy 347-2510 (theoretical solar cycles -130 to 70)

(there is shown the average value over one solar cycle)

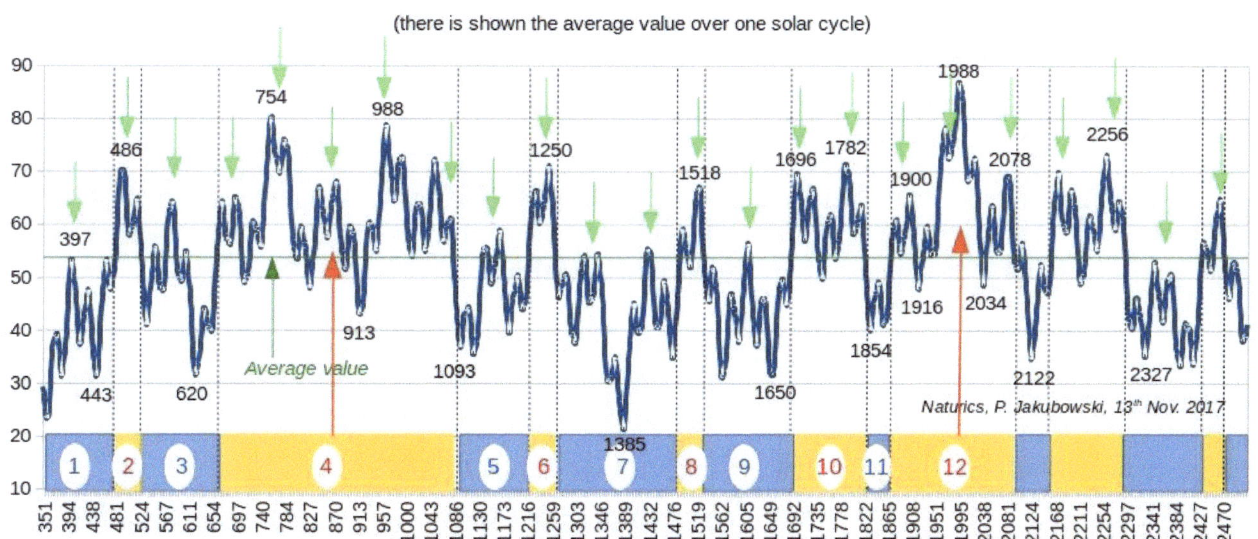

93

Tabelle VII: Beispiele der historischen Ereignissen (wahrscheinlich) beeinflusst durch die realen kalten und warmen Perioden des irdischen Klimas seit dem Jahr 347

(die Perioden sind nummeriert laut dem obigen Diagramm unserer Berechnung der Änderungen des Energietransfers zur Erde in den Jahren 347 und 2510).

Nr	Die allgemeine Tendenz während des laufenden Klimawandels	Beispielhafte Ereignisse
1	Außergewöhnlich kalte Periode des vierten Jahrhunderts verursacht Völkerwanderungen zu wärmeren Gebieten	360 - Hunnen fallen in Europa ein
		395-476 - Der westliche (kältere) Römische Reich geht unter, während sich sein östliches (wärmeres) Teil erhebt
2	Die rasche Erwärmung zwischen 450 und 500 begünstigt umgekehrte Völkerwanderungen und andere positive Aktivitäten	ca. 470 - Hunnen verlassen Europa
		ca. 500 - Amerikanische Ureinwohner beginnen mit dem Anbau im Mississippi-Becken
		529 - Byzantinische Kunst und Architektur tritt in das goldene Zeitalter der Justinianischen Herrschaft ein
3	Plötzlicher Rückfall der Erdtemperatur nach dem Jahr 509 begünstigt die Entwicklung der Plagen und verstärkt religiöse Aktivitäten	542 - Große Pest in Konstantinopel breitet sich aus; fast eine Hälfte der Europäer stirbt in den nachfolgenden fünfzig Jahren
		622 - das Jahr 1 in muslimischen Kalender
		630 - Muhammad und seine Anhänger erobern Mekka im heiligen Krieg
4	Die dauerhaft warme Periode zwischen 650 und 1080 begünstige viele friedlichen und abenteuerli-	> 600 - Invasionen der Barbaren gehen zu Ende
		618-907 - Chinesische Kultur und Literatur genießt Goldenes Zeitalter während der Tang Dynastie

	chen Aktivitäten	8-11 Jahrhundert - Periode der Nordischen Invasion in Frankreich, Deutschland, Russland und England
		982-1000 - Wikinger Niederlassungkolonien in Grönland und (wahrscheinlich) in Neuschottland
5	Das Ende des mittelalterlichen Optimums bringt wieder wechselhafte klimatischen Bedingungen. Friedliche aber auch kriegerische Projekte versuchen die Situation zu stabilisieren	1054 - Das Schisma zwischen der Östlich-Orthodoxen und der Westlichen Kirche wird zum Dauerzustand
		1068 - Chinesische Kaiser Shen Tsung führt radikale Reformen in der Landwirtschaft und in den Finanzen des Staates ein
6	Kurze warme Periode in der Mitte des 13. Jahrhunderts unterstützt einige neue Entwicklungen	1167 - Oxford-Universität wird begründet
		1233 - Erste Kohleminen in Newcastle, England
		1253 - Sorbonne-Universität begründet in Paris
		ca. 1290 - Spinnrad eingeführt aus Indien nach Europa
7	Die erste Hälfte der kältesten Periode des vorherigen Millenniums, zwischen 1275 und 1675; es war eine Periode der Kriege, der Plagen, der Kolonialisierung und der Sklaverei	1300 - Schießpulver eingeführt nach Europa anfangs des 14. Jahrhunderts
		1333-1568 - Warlords-Ära in Japan
		1337-1453 - Hundertjähriger Krieg zwischen England und Frankreich
		1348-1351 - Der Schwarze Tod bringt die Hälfte der Europäer um, lähmend Industrie und Landwirtschaft das nächste Jahrhundert lang
		1434 - Afrikanische Sklaven zuerst in Portugal
		1453 - Das Byzantinische Reich endet mit der Eroberung des Konstantinopels durch die Osmanen
		1476 - Inkas beenden ihre Eroberung der Südamerika

8	Die kurze warme Periode inmitten der Periode der "Kleinen Eiszeit" nennen wir heute als Renaissance, aber sie war auch eine unruhige Zeit	1481-1512 - Türken kämpfen gegen Ungarn, Polen und Venedig
		1482 - Spanische Inquisition beginnt Verfolgungen der sogenannten 'Heretiker'
		1487-1533 - Portugiesen und Spanier bringen afrikanische Sklaven zu den neuen Kolonien
		1517 - Martin Luther zündet die protestantische Reformation
9	Die zweite Hälfte der "Kleinen Eiszeit" verstärkt wieder die Tendenz zu Plagen und Kriegen	1550-1600 - Die Population der amerikanischen Ureinwohner sinkt von 7 Millionen auf 1 Million
		1588 - Engländer besiegen die Spanische Armada
		17. Jahrhundert - Englische, Niederländische und Französische Kolonisation erreicht ein Höhepunkt
		1655 - Schweden überfällt Polen und beginnt die Nordischen Kriege
		1669 - Hungersnot in Bengal bringt 3 Millionen um
10	Die erste Hälfte des 'modernen' klimatischen Optimums treibt die weltweite Bewegungen an, vor allem in der Industrie, Kultur, aber auch in der Kriegsführung und Ausbeutung der meisten Menschen	1721 - Russland wird zu Großmacht in Nordeuropa
		> 1721 - Baroque- und Rococo-Kultur und Architektur breiten sich in Europa aus
		1733 - Flying shuttle ('fliegendes Schiffchen') revolutioniert die Heimwerk-Webindustrie
		1769 - Hungersnot in Bengal bringt 10 Millionen um
		1776 - Amerikanische Unabhängigkeitsdeklaration
		1789 - Die Französische Revolution beginnt
		1796-1815 - Napoleons Kriege in ganz Europa

11	Kurze klimatische Abkühlung inmitten des 'modernen' Optimums bringt wieder neue Dynamik in die politische und soziale Entwicklung	> 1832 - Vereinigungsbewegungen in Europa und die Unabhängigkeitsbewegungen auf der ganzen Welt
		1833 - Die Sklaverei wird abgeschafft in Britischen Reich
		1837 - Panische Depression in den USA
		1842 - Positivismus und Soziologie breitet sich von Frankreich aus
12	Die aktuelle Hälfte unseres klimatischen Optimums verlängert die frühere Tendenz zu 'Revolution' in der Industrie, Kultur, Wissenschaft, Kriegstechnik und der Ausbeutung der Schwächeren	- Kommunistische Revolution in Russland und China
		- Erste und Zweite Weltkrieg
		- Unabhängigkeitskriege auf der ganzen Welt
		- "Kalter Krieg" zwischen Osten und Westen
		- Erforschung des Weltalls
		- Umwelt-Revolution
		- Globale Systeme der Kommunikation

Kapitel 7

Vorhersage der Änderungen des globalen Klimas der Erde in den kommenden 500 Jahren

1. Die berechneten Diagramme für die Jahre bis 2510

Zuerst stellen wir einen Ausschnitt aus der Berechnung für die ganzen 9000 Jahren, die wir vorher diskutiert haben. Wir haben es noch in Gedächtnis, dass hier die Genauigkeit auf einen halben Jupiter-Sonne Zyklus begrenzt ist.

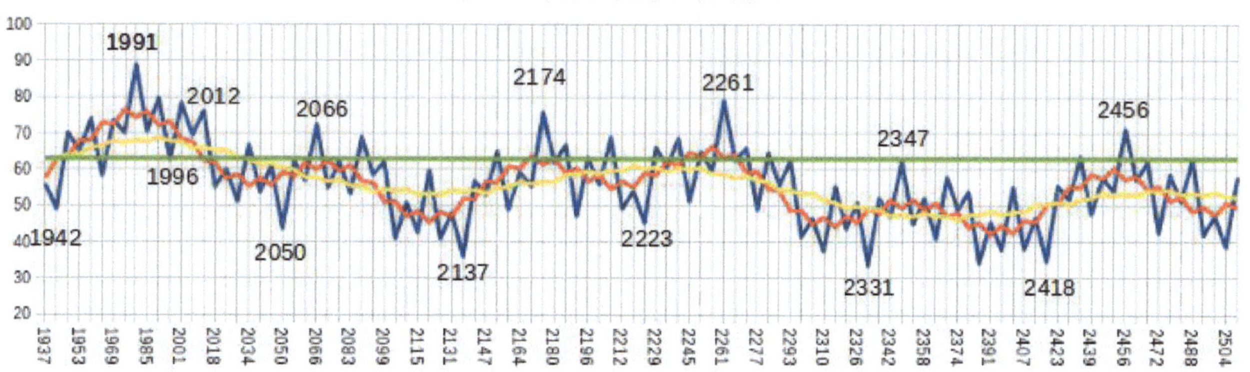

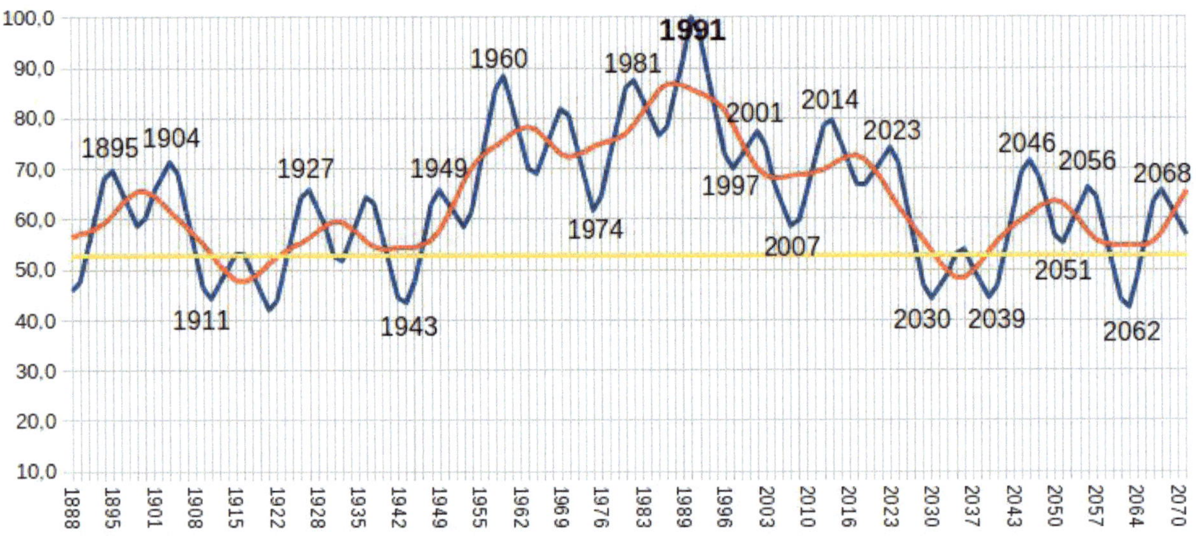

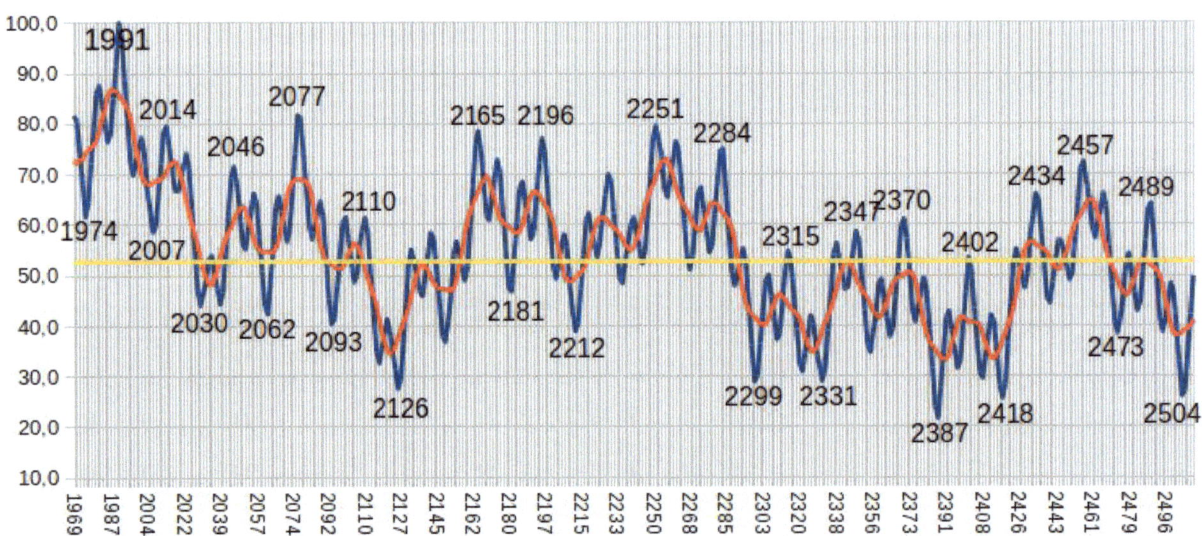

Nichtsdestotrotz, wir sehen, dass die Mitte dieses Jahrhunderts wesentlich kälter ausfallen wird, als das ganze 20. Jahrhundert. Das 22. Jahrhundert wird noch kälter sein, und ab Mitte des 23. Jahrhunderts erleidet die Erde eine neue "kleine Eiszeit". Dazu müssen wir unsere Nachkommen rechtzeitig vorbereiten.

Eine genauere Vorhersage erlauben uns unsere Programme aus den Kapiteln 3 und 4. Je nach der gewählten Genauigkeit der Berechnung und je nach den gewählten Modulatoren, schwankt ein wenig die Vorhersage der genauen Intensität des Energietransfers zur Erde von Jahr zu Jahr, aber über die Dekaden sind alle unseren Aussagen gleich. Das können wir auf den beiden letzten Diagrammen hier oben beobachten.

Zusammenfassung

Eine Vorhersage der Zukunft lässt sich selten auf eine wissenschaftliche Grundlage stellen. Eine der Ausnahmesituation ist die unsere in diesem Buch, wenn wir die Universale Kosmische Zeitskala zu Verfügung haben. Nur anhand dieser Zeitskala können wir, zum Beispiel, unsere zukünftige Lage im Universum, innerhalb der Stufen 8 und 9 unserer Kosmischen Hierarchie, vorhersagen. Diese Lage haben wir im Kapitel I.5 mit Hilfe eines Zifferblatts der Kosmischen Uhr vorgestellt. Noch mehr Informationen dazu können wir den beiden folgenden Diagrammen entnehmen.

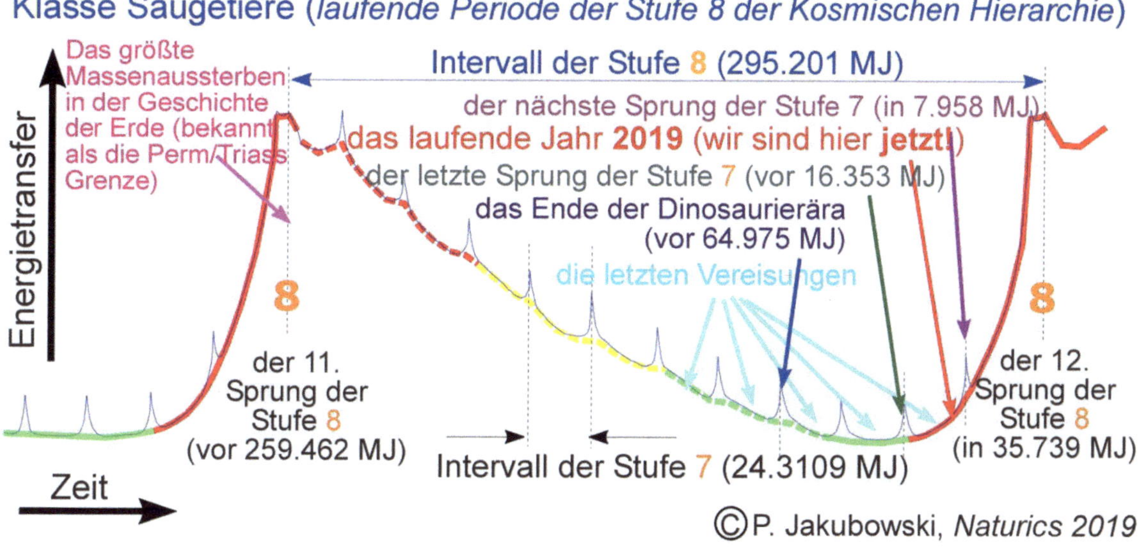

Das Bild der laufenden Periode ('Stunde') 11 der Stufe 8 der Kosmischen Hierarchie zeigt, unter anderem, das Ende der Ära der Dinosaurier (mit dem blauen Pfeil), die Zeit der Geburt unserer Ordnung Primaten (mit dem grünen Pfeil) und die heutige Zeit (mit dem roten Pfeil).

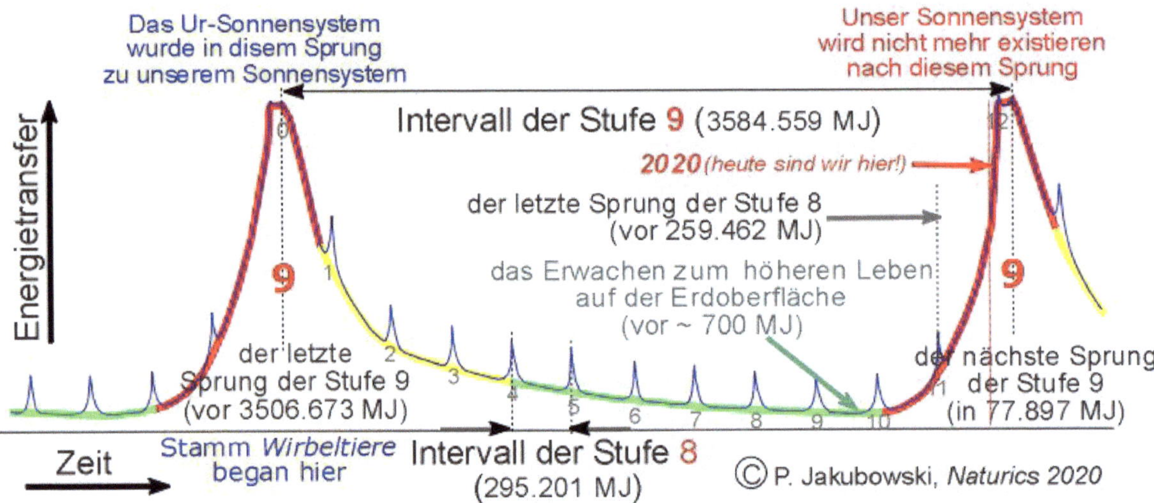

Dieses Bild der bald zum Ende verlaufenden Periode ('Stunde') 12 der Stufe 9 unserer Kosmischen Hierarchie zeigt uns alle großen Perioden der Erdgeschichte seit der Zerstörung des Andrea-Sterns und der Geburt unseres großen Mondes vor 3506.673 Millionen Jahren. Das Bild macht es auch deutlich (mit dem roten Pfeil), dass die Existenz unseres Sonnensystems am spätestens in 77.897 Millionen Jahren, in einer genauso heftigen Katastrophe (eigentlich nur einem nächsten Quantensprung der Stufe 9) beendet wird.

Diese Diagramme zeigen uns also eindeutig, dass das physische Ende des Sonnensystems doch sehr wohl vorhersehbar ist. Noch deutlicher kann man sich unserer Zukunft bewusst werden, wenn man irgendwo draußen, in einer lichtarmen Gegend, in den nächtlichen Himmel (zum Beispiel, wie auf dem Foto unten, über Teneriffa) schaut, und sich bewusst wird, dass wir in jeder Sekunde 2033 km (*vergleiche dazu die Stufe 9 der Tabelle 1*) weiter in das Zentrum der zwei größten Energiebrücken

8 und 9 hinein rasen, einer Ansammlung von Galaxien und Galaxienhaufen, die unsere Vorfahren fälschlicherweise als unsere Muttergalaxie (die Milchstraße) betrachtet haben.

Da ich aber dieses Buch hauptsächlich dafür geschrieben habe, um die **"fundierten Argumente und Forschungsergebnisse zum Klima der Erde"** zu liefern, beenden wir es mit der Demonstration der Stärke unserer Idee des Klimas in dem folgendem Diagramm.

Dort sehen wir die einzelnen Stunden der Stufe 8 der ablaufenden Periode der Stufe 9 unserer Kosmischen Hierarchie entlang der X-Achse, die Änderung der Tageslänge entlang der linken Y-Achse, und die Änderung der durchschnittlichen Oberflächentemperatur der Erde seit dem Anfang dieser Periode vor 3506.7 Millionen Jahren. Das Bild positioniert entlang der Zeitachse alle großen Vergletscherungen der Erdoberfläche, die bislang von Geologen bestätigt wurden. Infolge des Zusammenstoßes der Ur-Erde mit dem größten Bruchstück des Ur-Mars (am Anfang der laufenden Periode der Stufe 9) wurde das Zweikörpersystem Erde-Mond richtungs Zentrum des Sonnensystems geschubst. Der Zusammenstoß fand in einer Gegend statt, die etwa 50 Millionen km weiter von der Sonne entfernt war als die heutige Lage der Erde. Deswegen war die Erdoberfläche kurz nach dem Zusammenstoß auf die dort herrschende Umgebungstemperatur von nur -32 °C abgekühlt.

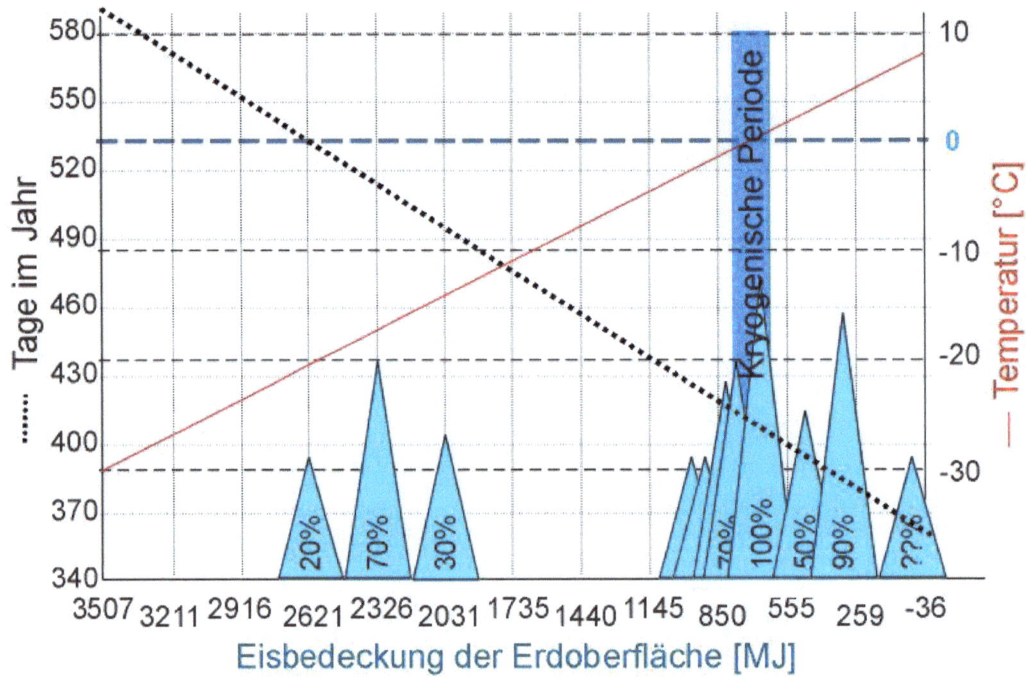

Die Erde war also tief eingefroren. Es gab keine Ozeane auf der Erde; und auch keinen Regen. Es gab aber die ständige Verkürzung der Entfernung Erde-Sonne, was sowohl die Verkürzung der Umlaufzeit der Erde um das Zentrum des Sonnensystems (in Venus), als auch um die Sonne verursacht hat. Das sogenannte Tropenjahr wurde immer kurzer. Da die Rotation der Erde um die eigene Achse (die Länge eines Tages) dabei nicht gebremst wurde, muss man annehmen, dass sich die Anzahl der Tage binnen eines Tropenjahres ständig verkürzt hat; wie das obere Diagramm zeigt, von damals 584 auf 365 Tage heute. Diese Beobachtung ist ausreichend, um die durchschnittliche Verkürzung des Tropenjahres zu berechnen. Diese Rechnung ergibt den Wert von 6.24×10^{-6}

Tage/100 Jahre, was mit den Berechnungen der besten Mathematiker auf der Basis der astrophysikalischen Beobachtungen (*vergleiche in Wikipedia unter 'Tropenjahr'*) identisch ist. Alleine damit ist unser Modell der Struktur des Sonnensystems, einschließlich der Entstehung des Mondes und der Anwesenheit des Andrea-Sterns, eindeutig bestätigt.

Aber auch die zweite Behauptung des oberen Diagramms, die der ständig steigenden Temperatur der Erdoberfläche infolge der Ereignisse um die Mondentstehung, ist durch unsere Idee zur Rekonstruktion des vergangenes Klimas auf der Erde eindrucksvoll bestätigt. Nach drei 'Stunden' der Stufe 8 der laufenden Periode der Stufe 9 war die Erde soweit abgekühlt, dass es nur während eines nachfolgenden Quantensprungs der Stufe 8 genug viel Energie zur Erde zugekommen war, so dass die Erdatmosphäre vorläufig einen heftigen Niederschlag in Form von Schnee produzieren konnte, was im Laufe von Jahrmillionen um das "Spitzenjahr" vor 2621 Millionen Jahren zu einer ersten 20-prozentigen Vergletscherung der Erdoberfläche gekommen war. Um die nächste Stunde 4, hat sich dieser Effekt noch bis zu der 70-prozentigen Vergletscherung gesteigert. Der nächste solche Ereignis, um die Stunde 5, wurde schon allerdings wieder schwächer, und die nachfolgenden Vergletscherungen sind überhaupt ausgeblieben. Das ist klar, weil dann die durchschnittliche Temperatur der Erdoberfläche bereits auf -11°C und mehr angestiegen war. Dann reichten bereits die Einschläge des kleineren Kalibers der Stufe 7 (alle 24.1 Millionen Jahre), um die globale Vergletscherung der Erdoberfläche zu verhindern. Noch eine Milliarde Jahren später waren aber auch eben diese Quantensprünge des kleineren Kalibers der Stufe 7 ausreichend, um die immer noch eingefrorene Erde aufzutauen, und kleineren und kürzer lebenden Vergletscherungen zu verursachen. Und etwa um das Jahr vor 800 Millionen Jahren, als die Temperatur der Erde auf die Werte knapp unter der 0°C Marke gestiegen war, hat es rund um die Erde über Millionen von Jahren so heftig geschneit, dass die Erde als ein Schneeball durch das Weltall gewandert war. Diese Periode der Erdgeschichte nennt man heute die Kryogenische Periode. Nach ihrer Ende tauchte die Erde langsam und vollständig auf, das Wasser füllte alle Niederungen der Erdoberfläche, die ersten Ozeane entstanden. Dann explodierte das Leben in ihnen, und bald darauf auch auf dem eisfreien Land.

Wir sehen, dass nicht nur die Geschichte des irdischen Klimas, aber auch die der Entwicklung des irdischen Lebens, muss jetzt in der Tat völlig neu geschrieben werden.

Spätestens nach der Lektüre dieses Buches muss es Jeder und Jedem klar geworden sein, dass die Klimaschutzidee ein Missverständnis ist; **Klimaschutz ist Witz!** Die wichtigste Aufgabe, die vor der Menschheit heute steht, ist **Umweltschutz**, das heißt, der Schutz der Umwelt vor uns Menschen. Das Klima der Erde ist ein Resultat der Einbettung des Sonnensystems in seine riesige Kosmische Hierarchie, die um Größen Ordnungen mehr Energie zur Erde schickt, als der Mensch jemals zur Verfügung hat, und haben wird.

Das sind meine **fundierten Argumente und Forschungsergebnisse zum Klima der Erde**. Man darf gespannt sein, wie lange die KI brauchen wird, um auch darüber zu berichten.

Anhang

Konsequenzen der Vereinheitlichung der Wissenschaft (Ein Überblick)

Allgemeine Eigenschaften des Universums

1. Das beobachtbare Universum ist aus dem Universalen Kreativen Potential hervorgegangen.
2. Universalen Bausteine des Universums sind Nanometer großen Materie-Geist Quanten.
3. Die einzige fundamentale Wechselwirkung der Natur ist der Energietransfer.

Die Kosmische Hierarchie des Sonnensystems

4. Universum ist eine energetisch verbundene Kosmische Hierarchie unterschiedlich großen Objekte.
5. Dynamik unserer Kosmischen Hierarchie basiert auf der Regel des Goldenen Schnitts.
6. Große Magellansche Wolke ist unsere "Ur-Mutter" Galaxie.
7. Venus befindet sich im Massezentrum des Sonnensystems.

Ursprung der irdischen Ozeane

8. Die Länge eines Tages hat sich in der Erdgeschichte kaum verändert.
9. Die mittlere Temperatur der Erdoberfläche wächst seit der Formation des Mondes.
10. Die Ozeane der Erde sind nicht älter als 700-800 Millionen Jahren.

Ursprung des Lebens

11. Die grundlegende Form des Lebens ist ein universales Quantum Phänomen.
12. Der dauerhafte Ursprung unseres irdischen Lebens liegt in der Tropopause der Erdatmosphäre.
13. Das Spektrum der Materie-Geist Quanten beschreibt die Gesamtheit des Lebens.

14. Ein Materie-Geist Quant des Hirns besteht aus Tausenden Neuronen.

15. Die Materie-Geist Quanten des Superhirns erzeugen unser Bewusstsein.

16. Unsere Seelen sind die ursprünglichen Wesen, die unsere Körper und Verstand kreieren.

Ursprung unserer Spezies

17. Unsere Gattung ist ein direkter Nachkomme der Gattung *Homo sapiens Neanderthalensis*.

18. Unsere moderne Spezies ist nur 6743 Jahre alt (*in Jahr 2023*).

Einige zusätzliche Unterschiede zu dem traditionellen Sichtpunkt

19. Die Vakuum-Lichtgeschwindigkeit ist **keine** Naturkonstante.

20. Elektrodynamik ist **keine** unabhängige Beschreibung der Natur.

21. Gravitation ist **keine** unabhängige Wechselwirkung.

22. Milchstraße ist **keine** Galaxie.

23. Der Ursprung des Lebens ist **keine** längst abgeschlossene Geschichte.

24. Die Evolution zu höher entwickelten Organismen ist **kein** obligatorischer Prozess.

25. Unsere eigene Spezies ist **kein** Ziel der Evolution des Lebens.

26. Die Definitionen der Quanten der Atomkerne und der Quarks benötigen **keine** nukleare Kraft.

27. **Keine** masselose Teilchen können existieren in unserem Universum.